BusinessVillage

Melanie von Graeve

Events professionell managen

Das Handbuch für Veranstaltungsorganisation

BusinessVillage

Melanie von Graeve
Events professionell managen
Das Handbuch für Veranstaltungsorganisation
6. Auflage 2017

Bestellnummern
ISBN 978-3-86980-260-2 (Druckausgabe)
ISBN 978-3-86980-261-9 (E-Book, PDF)

Direktbezug www.BusinessVillage.de/bl/942

Bezugs- und Verlagsanschrift
BusinessVillage GmbH
Reinhäuser Landstraße 22
37083 Göttingen
Telefon: +49 (0)5 51 20 99-1 00
Fax: +49 (0)5 51 20 99-1 05
E-Mail: info@businessvillage.de
Web: www.businessvillage.de

Foto auf dem Umschlag
www.fotolia.de – leksustuss

Autorenfoto
Bernd Euring, www.berndeuring.com

Layout und Satz
Sabine Kempke

Druck und Bindung
Westermann Druck Zwickau GmbH

Checklisten- und Arbeitshilfenverzeichnis

Die Autorin

Melanie von Graeve, Event-Management-Ökonomin (VWA) und Nachhaltigskeitsberaterin (GCB), war als Geschäftsleitungsassistentin und Vorstandssekretärin mehr als zehn Jahre in internationalen Konzernen für die Organisation und Durchführung von Finanz- und Marketingveranstaltungen verantwortlich. 2002 gründete sie die inhabergeführte Agentur *DKTS Der Konferenz- und TagungsService* in Frankfurt am Main – 2003 wurde Melanie von Graeve mit dem Frankfurter Gründerpreis geehrt.

DKTS Der Konferenz- und TagungsService versteht sich als externe Veranstaltungsabteilung und ist spezialisiert auf

- professionellen Event- und Messesupport,
- externe Event-Projektleitung,
- geschultes Veranstaltungspersonal,
- Veranstaltungsanalyse und -verbesserung.

Zu ihren Kunden gehören sowohl namhafte Konzerne als auch kleine und mittelständische Unternehmen.

Melanie von Graeve gibt ihr Praxis-Know-how aus 23 Jahren Event-, Veranstaltungs- und Messeorganisation in Event-Coachings, Trainings und als Event-Beraterin weiter: spannend, unterhaltsam und mit ansteckender Begeisterung! Für ihre Dozenten- und Referententätigkeit wurde sie mehrfach ausgezeichnet, unter anderem mit dem Conga-Award als Nummer 1 der Top-Referenten Deutschlands.

Sie verfasst außerdem regelmäßig redaktionelle Beiträge für renommierte Fachzeitschriften und ist Autorin mehrerer Fachbücher – *Events und Veranstaltungen professionell managen* und *Erfolgsfaktor Eventmarketing*, erschienen im BusinessVillage-Verlag, *Veranstaltungen organisieren*, erschienen im Haufe-Lexware-Verlag, Mitautorin des Fachbuches *Generation Erfolg: So entwickeln Sie Persönlichkeit*, erschienen im Kösel-Verlag, – und schriftlicher Lehrgänge – *Planung und Organisation von Veranstaltungen und Messe-Events* und *Events & Veranstaltungen erfolgreich planen, vorbereiten und durchführen*, erschienen bei Management Circle.

Wie Sie die Autorin erreichen:
Internet: www.dkts.de
E-Mail: info@dkts.de

Sie möchten auf dem Laufenden bleiben und News und Empfehlungen zum Thema Events und Veranstaltungen erhalten? Dann können Sie sich unter *www.dkts.de* schnell und kostenlos registrieren!

Vorwort

Liebe Leserin, lieber Leser!

Zeit gehört heutzutage zu den wertvollsten Gütern und niemand möchte sie vergeuden, jede Stunde Lebenszeit soll möglichst sinnvoll genutzt werden. So ist es wenig verwunderlich, dass Veranstaltungsteilnehmer kaum noch bereit sind, endlose Vorträge, Reden oder Präsentationen im Tausch gegen eine nette Location und gutes Essen zu tolerieren. Die Tage langatmiger Veranstaltungen sind damit gezählt! Wie sich das für Veranstalter bemerkbar macht? Beispielsweise durch sinkende Teilnehmerzahlen, steigende ›No-show-Raten‹ (Personen, die trotz vorheriger Zusage nicht zur Veranstaltung erscheinen) und Ermüdungserscheinungen statt guter Stimmung.

»Man soll nie vergessen, dass die Gesellschaft lieber unterhalten als unterrichtet sein will.«, sagte Adolf Freiherr von Knigge vor mehr als zweihundert Jahren. Aber inhaltsleere Unterhaltung wollen und sollen wir als Veranstaltungsmanager natürlich nicht bieten – genauso wenig wie zu umfangreiche, zu schwer verständliche und trockene Informationen. Eine Kombination beider Elemente wäre also ideal: ein sogenanntes Infotainment.

Außerdem sollten Veranstaltungen so kreativ und lebendig umgesetzt werden, dass sie den Teilnehmer zum Mitdenken, Mitmachen und hoffentlich sogar Mitreden animieren! Ihre Veranstaltungen sollen sich positiv von denen Ihrer Wettbewerber abheben, Mehrwert und Aha-Erlebnisse bieten, Berichts- und Empfehlungswert haben und im Idealfall auch schon Lust auf den Besuch Ihrer nächsten Veranstaltung wecken. Da erwartet Sie als Event- und Veranstaltungsmanager ein sportliches Programm: Sie müssen die Kunst beherrschen, Ihre Veranstaltungsbotschaft und deren Inhalte so erlebbar zu machen, dass Ihre Teilnehmer diese Botschaft verstehen, den Inhalten im besten Falle zustimmen und sie verinnerlichen.

Zum einen besteht Ihre Aufgabe also ›einfach‹ darin, dass die Veranstaltung perfekt funktioniert: Die Abläufe müssen auf den Punkt stimmen, die Dienstleister ihren Beitrag reibungslos und perfekt leisten oder Sie ergreifen nötigenfalls Maßnahmen, um alles wieder in die richtige Spur zu bringen. Staus und Engpässe sind auf einer gut organisierten Veranstaltung übrigens ebenso passé wie lange Schlangen – wo diese entstehen, wurde meist falsch geplant. Zum anderen dürfen auch die verständliche, passende und motivierende Präsentation der Inhalte, der Erlebnisfaktor und die Dramaturgie Ihrer Veranstaltung nicht vernachlässigt werden! Nur richtig und ordentlich kann schnell auch langweilig sein.

Ich habe für Sie in diesem Buch viele wertvolle und praktische Informationen zusammengestellt (sortiert in der Reihenfolge, in der Sie Ihre Veranstaltungsprojekte in der Praxis auch bearbeiten):

- Das nötige Handwerkszeug, um funktionstüchtige Veranstaltungen zu planen, erhalten Sie im Kapitel *1 Überblick verschaffen, für Grundlagen sorgen*.
- Die notwendigen Tools für die Organisation und Durchführung finden Sie im Kapitel *2 In die Tiefe gehen – Details Ihrer Veranstaltungsplanung*.
- Da sich Ihre Veranstaltung natürlich auch rechnen soll, erhalten Sie Informationen und Arbeitshilfen zur Budgetierung, Kostenkontrolle, zu Ausgaben und gegebenenfalls auch Einnahmen im Kapitel *2.4 Veranstaltungsbudget*.
- Was wäre ein Veranstaltungsplaner wohl ohne detaillierte, durchschaubare Ablaufpläne, durchdachtes Risikomanagement und funktionierenden Plan B? Hierzu erhalten Sie Praxis-Checklisten und zahlreiche Tipps in den Kapiteln *2.8 Planung und Prüfung des Veranstaltungsablaufs, Check Verbesserungsbedarf* und *2.9 Risikomanagement und Plan B*.
- Eine Schlüsselstellung bei guten Veranstaltungen nimmt aktives, gut geschultes Veranstaltungspersonal ein, welches aber in die Lage versetzt werden muss, die ihm zugedachten Aufgaben auch zu erfüllen. Daher erhalten Sie im Kapitel 3.4 *Das Team vor Ort: Das Veranstaltungspersonal* Informationen und Praxis-Tipps zur Personal-Auswahl, Briefing- und Schulungs-Checklisten.
- Jedes Projekt sollte auch korrekt beendet und abgeschlossen werden, auch um sich die Vorbereitung von Folgeveranstaltungen zu erleichtern. Mehr dazu im Kapitel *4 Die Veranstaltungsnachbereitung*.
- Besondere Herausforderungen erfordern besonderes Know-how: Damit bei Ihren Veranstaltungen keine Langeweile aufkommt, erhalten Sie in Kapitel *5.1 Denkanstöße zu kreativen Events* unter anderem Input und Tipps, wie Sie die Sinne Ihrer Teilnehmer ansprechen und einbinden können.
- Und zum Abschluss erhalten Sie wertvolle Informationen zu besonderen Veranstaltungsarten wie Messeauftritten (siehe Kapitel *5.3 Besonderheiten von Messeauftritten*), nachhaltigen/grünen Events (Kapitel *5.2 Nachhaltige Event- und Veranstaltungsorganisation/Grüne Events und Veranstaltungen*) und Charity, Social und Cultural Events (Kapitel *5.4 Charity, Social und Cultural Events*).
- Begriffserklärungen finden Sie im Glossar im Anhang dieses Buches sowie natürlich unter *www.wikipedia.de* oder der Suchmaschine Ihres Vertrauens.

Um Ihr Veranstaltungskonzept bereits im Vorfeld auf Schwachstellen prüfen zu können, erhalten Sie an den passenden Stellen in diesem Buch zusätzliche Planungshilfen (siehe beispielsweise Kapitel 2.8.2). Denn Schwachstellen einer Veranstaltung rechtzeitig aufzudecken und gegenüber Kunden und Vorgesetzten zu kommunizieren, gehört meiner Meinung nach zu den wichtigsten Aufgaben eines Veranstaltungsmanagers.

Kurz: Sie erhalten in diesem Buch zahlreiche Arbeitshilfen, Argumente und Anregungen für interessante, motivierende und informationsstarke Veranstaltungen, die Ihre Teilnehmer nachhaltig begeistern werden.

Ich wünsche Ihnen viel Spaß und spannende Informationen bei Ihrer Lektüre und viel Mut und Kraft, das Gelernte in die Tat umzusetzen!

Herzlich, Ihre

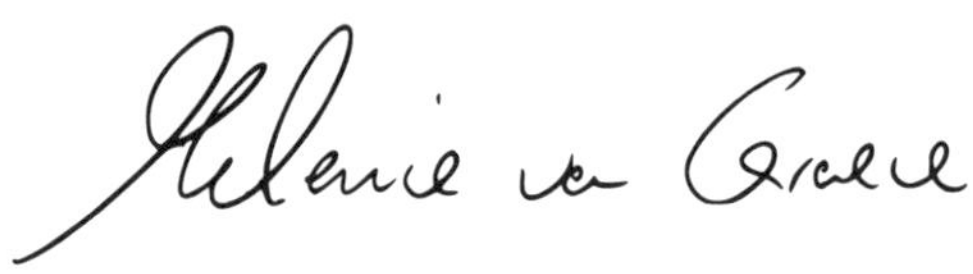

PS: Ich empfehle Event-Quereinsteigern und den Leserinnen und Lesern, die sich Struktur in ihren Veranstaltungsprojekten wünschen, das Buch einmal komplett durchzuarbeiten. Wenn das Grundwissen vorhanden ist, können Sie auch direkt zu den jeweiligen Kapiteln, Arbeitshilfen und Checklisten springen (die Springer finden in den einzelnen Arbeitshilfen und Checklisten Querverweise zu ergänzenden Kapiteln, auf dessen Inhalten diese aufbauen).

Liebe Leserinnen und Leser, ich möchte Sie dazu motivieren, sich alle in diesem Buch veröffentlichten Checklisten und Arbeitshilfen anzueignen und diese auf Ihren jeweiligen Bedarf hin anzupassen. So können Sie sich das (Veranstaltungs-)Leben deutlich leichter machen und Zeit und Kosten bei der Planung und Organisation sparen.

Liebe Referentenkolleginnen und -kollegen, ich bitte Sie bei Nutzung herzlich um Nennung der Quelle!

1. Überblick verschaffen, für Grundlagen sorgen

Zum Einstieg einige Zahlen des Meeting- und Eventbarometers 2013:

- 2,97 Millionen Veranstaltungen fanden im Jahr 2013 in Deutschland statt, das ist ein Zuwachs von 9,2 Prozent gegenüber 2012!
- Diese Veranstaltungen wurden von insgesamt 362 Millionen Teilnehmern besucht (ein Zuwachs von 7,2 Prozent gegenüber 2012), 6,1 Prozent dieser Teilnehmer kamen aus dem Ausland.
- Die durchschnittliche Veranstaltungsdauer betrug 1,56 Tage.
- 66,1 Prozent der Veranstaltungen fanden in Tagungshotels statt, 20,7 Prozent in Veranstaltungszentren und 13,2 Prozent in Event-Locations.
- Bei 55 Prozent aller Veranstaltungen handelte es sich um Seminare, Tagungen und Kongresse, 10 Prozent machten Social Events aus, 8 Prozent Sport- und Kultur-Events, 8 Prozent Festivitäten wie Bankette und Jubiläen und 7 Prozent lokale Veranstaltungen. (Quelle: Meeting- & EventBarometer 2013, Copyright: EITW 2013 im Auftrag von EVVC, DZT und GCB)
- Rund zwei Drittel aller Veranstaltungen wurden direkt beim Anbieter gebucht. Unternehmen buchten sogar fast drei Viertel ihrer Corporate Meetings ohne die Einschaltung von Agenturen! (Quelle: Meeting- & EventBarometer 2012, Copyright: EITW 2012 im Auftrag von EVVC, DZT und GCB)

Umso wichtiger ist es, sicherzustellen, dass Veranstaltungen, die direkt und ohne die Beratungsleistungen von Event-Profis oder -Agenturen durchgeführt werden, dennoch mit dem erforderlichen Know-how geplant, organisiert und umgesetzt werden können!

Veranstaltungs- oder Eventmanager gilt als kreativer Traumberuf, das benötigte Fachwissen wird aber häufig unterschätzt. Kaum ein Beruf ist in seiner Zusammensetzung so vielfältig, verlangt so viel planerisches Talent und auch noch starke Nerven für einen perfekten Liveauftritt. Ist es nicht aufregend, monatelang auf ein Projekt hinzuarbeiten und dann auch den Erfolg unmittelbar erleben zu können (oder aber konkrete Hinweise für die Verbesserung bei Folgeveranstaltungen zu erkennen)?

Viele Einsteiger (und auch Chefs) haben allerdings gerade zu Beginn des Veranstaltungsprojektes eine noch eher ungenaue Vorstellung davon, was alles dazu gehört, um eine Veranstaltung oder ein Event wirklich zu managen. Beginnen wir daher mit einem Überblick über die Aufgabengebiete des Veranstaltungsmanagers und die wichtigsten Rahmendaten Ihrer Veranstaltung, damit Sie Ihr Projekt gleich professionell beginnen können:

Veranstaltung oder Event?

Der Begriff ›Event‹ (das oder der) stammt – wie die meisten der Fachbegriffe der Veranstaltungsbranche – aus dem Englischen und bedeutet neben ›Veranstaltung‹ und ›Termin‹ auch ›Ereignis‹. Und damit wird deutlich, dass eine Veranstaltung sich zwar in der wörtlichen Übersetzung Event nennen darf, dieser Begriff jedoch durchaus auch irreführend sein kann: Nicht jede Veranstaltung ist ein Ereignis, kann oder will dies sein!

Als Events bezeichnet man in der Praxis einzigartige Veranstaltungen mit Erlebnisfaktor. In jedem Falle aber sollte ein Event ein positives, besonderes, unwiederbringliches Erlebnis für Ihre Teilnehmer sein!

Auch die Erwartungshaltung der Teilnehmer tendiert beim Besuch eines Events stärker in Richtung ›außergewöhnlich‹ und ›mit Spaß- bis Luxus-Faktor‹. Hinter den Erwartungen der Teilnehmer zurückzubleiben, ist meist keine gute Idee – mit den Erwartungen zu brechen, kann hingegen eine ausgezeichnete Idee sein! Locken Sie daher in Ihrer Einladung nicht mit schillernden Begriffen zu Ihrer Veranstaltung, wenn sich dies nicht mit Ihren Veranstaltungswünschen und -zielen deckt.

Welche Veranstaltungen oder Events möchten Sie organisieren?

Die Palette der Veranstaltungsarten umfasst beispielsweise

- private Feiern (Hochzeiten, Taufen etc.),
- religiöse Feste (Ostern, Weihnachtsfeiern etc.),
- Informationsveranstaltungen (Seminare, Tagungen, Kongresse etc.),
- Sportveranstaltungen (Fußballturniere, Marathons etc.),
- Kulturveranstaltungen (Konzerte, Lange Nacht der Museen etc.),
- anlassbezogene Firmenveranstaltungen (Grundsteinlegungen, Richtfeste, Einweihungsfeiern, Firmenjubiläen etc.),
- Marketingveranstaltungen (Kick-offs, Produktpräsentationen, Messen etc.),
- Mitarbeiterveranstaltungen (Teambuildings, Sommerfeste, Incentives etc.),
- Fortbildungsveranstaltungen (Trainings, Schulungen, Workshops etc.),
- Finanzveranstaltungen (Aktionärshauptversammlungen, Bilanzpressekonferenzen etc.),

um nur einige herauszugreifen. Jede Veranstaltung – auch wenn es sich um einen wiederkehrenden Anlass handelt – stellt den Veranstalter immer wieder vor neue und individuelle Herausforderungen!

Weitere Unterscheidungsmerkmale für Veranstaltungen liefert die Definition der gebräuchlichen Eventarten des FME Forum Marketing-Eventagenturen im FAMAB – Verband Direkte Wirtschaftskommunikation e.V. Unterschieden werden hier:

Corporate Events (B2B)
Produkt-, Marken- und Unternehmensinszenierungen mit dem Ziel der Vermittlung von Informationen und der Veränderung/Festigung von Images, die sich vorwiegend an Kunden oder Mittler/Händler richten. (Produkteinführungen, Hauptversammlungen, Jubiläen etc.)

Mitarbeiter-Events
Informationsvermittlung an/Motivation von Mitarbeitern eines Unternehmens und/oder dessen verbundenen Vertriebspartnern (Kick-offs, Incentives, Schulungsveranstaltungen, Verkaufstrainings etc.).

Public Events (B2P)
Unternehmens-, Strategie-, Produkt- und Leistungspräsentationen für eine breite Öffentlichkeit mit dem vorrangigen Ziel der Imagesteigerung und Informationsvermittlung (Presse-Events, Unternehmensinszenierungen im öffentlichen Raum etc.).

Charity/Social/Cultural Events (B2P)
CSC-Events dienen der Förderung eines gesellschaftlich relevanten Zwecks und richten sich an die Öffentlichkeit und/oder Multiplikatoren. Sie dienen nicht der Absatzförderung. (Eröffnungsveranstaltungen von Großereignissen, Fan-Feste, Ereignisse im öffentlichen Raum etc.)

Consumer Events (B2C)
Erlebnisgestützte Produkt-, Marken-, Unternehmenseinführungen mit dem vorrangigen Ziel der Förderung des Absatzes von Konsumgütern oder Dienstleistungen an Endverbraucher (Roadshows, Promotions etc.)

Exhibition Events (B2B, B2C und B2P)
Erlebnisorientierte Konzepte/Umsetzungen rund um Messebeteiligungen sowie Unternehmens-/NPO-initiierte temporäre Ausstellungen (Themenpavillons, Ideenparks, Messeinszenierungen).

Beschreibung der Zielgruppen

Zielgruppe Business to Business

B2B-Events wenden sich an eine definierte, geschlossene Zielgruppe, wie Geschäftspartner, Gesellschafter oder Mitarbeiter. Die Teilnehmer eines B2B-Events sind geladene Gäste. Mit B2B-Events wird primär das Ziel der Vermittlung von Informationen, aber auch die Förderung und Verbesserung von Unternehmens-, Marken- und Produktimage verfolgt. Direkte Absatzziele können, müssen aber nicht impliziert sein.

Zielgruppe Business to Consumer

B2C-Events wenden sich an den Endverbraucher (Käufer/Konsumenten). Die Bekanntmachung von Marken und Produkten verbunden mit konkreten Absatzzielen sind Hauptmotivation für B2C-Events.

Zielgruppe Public

B2P-Events zielen auf die breite Öffentlichkeit. Diese soll unmittelbar oder mittels Meinungsbildnern/Presse erreicht werden. Im Vordergrund von Public Events steht die Vermittlung von Images und Informationen. (Quelle: FME Forum Marketing-Eventagenturen im FAMAB e.V.)

1.1 Anforderungen an den Event- und Veranstaltungsmanager

Die an Sie gestellten Aufgaben bei Veranstaltungen und Events sind so vielfältig wie die Veranstaltungen selbst. Je nach Art und Größe Ihrer Veranstaltung reicht Ihr Aufgabenspektrum von Projektmanagement über Expertise in Kreativleistungen, Veranstaltungstechnik und Eventrecht bis hin zu buchhalterischen Tätigkeiten. Natürlich müssen und werden Sie nicht in allen Bereichen Profi sein – Grundkenntnisse sind jedoch unerlässlich: um das Konzept zu schnüren, das Budget zu planen und Angebote sowie deren Umsetzung sorgfältig zu prüfen und zu überwachen. Es ist außerdem von entscheidender Bedeutung, ob Sie Ihr Projekt Veranstaltung als Einzelkämpfer bewältigen, auf die Kapazität eines Teams und/oder das Know-how von Veranstaltungsprofis zurückgreifen können oder gegebenenfalls auch externe Dienstleister in beratender Funktion nutzen können.

In jedem Fall müssen
- die Aktionen, Kosten, Abläufe und Einzelbausteine durchdacht und geplant,
- externe Dienstleister ausgewählt, geprüft und eingebunden,
- das für einen reibungslosen Ablauf benötigte Personal disponiert und geschult
- sowie alle Beteiligten und Erfüllungsgehilfen informiert, motiviert und am Laufen gehalten werden.

Im Ernstfall zaubern Sie als Veranstaltungsmanager auch noch einen funktionierenden Plan B aus der Tasche. Klingt das für Sie nach einer spannenden Herausforderung? Dann sind Sie hier richtig!

Zu den wichtigsten Eigenschaften des Veranstaltungsmanagers gehören daher
- Organisationstalent,
- Disziplin,
- Durchhaltevermögen,
- Liebe zum Detail,
- Teamfähigkeit,
- Kommunikationsfreude,
- Durchsetzungskraft,
- Delegationsfähigkeit
- und unbedingt auch die Fähigkeit, bei Stress klar zu denken und Probleme zu lösen.

1.1.1 Weiterbildungsmöglichkeiten und Inspirationsquellen

Es ist gar nicht leicht und bedeutet viel Arbeit, den Teilnehmern immer etwas Neues bieten zu können! Daher ist es nur zu verständlich, dass viele Veranstaltungsmanager dazu neigen, das zu wiederholen, was in der Vergangenheit bereits erfolgreich war. Was in der Vergangenheit lief, kennen aber auch die Teilnehmer und überrascht diese nun nicht mehr – im schlimmsten Falle langweilen sie sich sogar.

Um aber neue Ideen entwickeln zu können, ist es hilfreich, sich Anregungen zu holen (jedoch nicht abzukupfern!). Da die Veranstaltungsbranche stets innovative Trends hervorbringt und es immer wieder spannende Entwicklungen gibt, ist es im eigenen Interesse des Veranstaltungsmanagers, sein Wissen permanent auf den aktuellen Stand zu bringen und zu erweitern. Hierzu sind unter anderem Event-Messen nützlich, da Sie sich hier vieles live anschauen können – von Event-Material über Künstler bis hin zu technischen Entwicklungen. Auch die Gespräche mit den Ausstellern,

Dienstleistern sowie anderen Besuchern können sehr interessant sein – vor allem, wenn Sie sich auf diese vorbereiten und Ihre Interessen im Auge behalten:

Tipp

Bereiten Sie sich auf Ihren Messebesuch gründlich vor! Das Angebot auf Event-Messen ist groß, vielfältig und verwirrend. Sie wären nicht der erste, der nach seinem Messebesuch feststellt, das er nicht oder nur teilweise mit den Ausstellern in Kontakt kam, deretwegen er die Messe eigentlich aufgesucht hatte!

Vorschläge für Ihre Messe-Vorbereitung:

- An welchen Gewerken (an welchem jeweiligen Handwerk) oder Dienstleistungen haben Sie aktuell Bedarf (zum Beispiel Catering, Technik, Agenturen, Künstler etc.)?
- Prüfen Sie die jeweilige Internetseite der infrage kommenden Messe(n) oder den Messekatalog: Welche Aussteller zu den von Ihnen gesuchten Branchen werden vor Ort vertreten sein? Welche kennen Sie noch nicht? Welche wollen Sie besuchen? Je nach deren Angebot und Ihren Fragen können Sie entweder feste Gesprächstermine vereinbaren oder sich erst einmal am Messestand ein Bild über das Angebot machen und dann vor Ort Kontakt aufnehmen.
- Hilfreich kann es auch sein, sich über die Internetseiten der Aussteller einen Überblick zu Angebot, Referenzen, Erfahrungen und Ähnlichem zu verschaffen.
- Lassen Sie ein Viertel Ihrer Messezeit möglichst unverplant, damit Sie entspannt Eindrücke sammeln und auch spontane Kontakte knüpfen können.

1. Auswahl von interessanten Event-Messen in Deutschland

Messe	Internetadresse	Beschreibung	Ort
BEST OF EVENTS	www.boe-messe.de	Internationale Fachmesse für Events, Live-Marketing, Veranstaltungsservice und Kongress mit Ausstellern für Kreation, Planung und Umsetzung.	Dortmund
greenmeetings und events	www.greenmeetings-und-events.de/	In Vorträgen informieren Experten und Referenten aus der Praxis und vermitteln konkrete und praxistaugliche Lösungen zur nachhaltigen Durchführung von Veranstaltungen.	derzeit in Frankfurt
IMEX	www.imex-frankfurt.de	Internationale Fachmesse für Meetings und Incentive-Reisen. Aussteller: nationale und internationale Tourismusbüros, Hotelgruppen, Airlines, DMCs, Dienstleister, Branchenverbände etc.	Frankfurt
Kulturbörse Freiburg	www.kulturboerse.de	Internationale Fachmesse für Bühnenproduktionen und Musik aus allen Sparten der Event- und Unterhaltungskultur, Aussteller überwiegend aus Deutschland.	Freiburg
LOCATIONS	www.locations-messe.de/daten-fakten	Fachmesse für außergewöhnliche Veranstaltungsorte und Eventservices in unterschiedlichen Regionen.	mehrmals jährlich in wechselnden Städten
Meetingplace	www.meetingplace.de	Internationale Fachmesse für Veranstaltungsmanagement, Eventmanagement und Veranstaltungsservices.	mehrmals jährlich in wechselnden Städten
mice + business travel market	www.mbt-market.de	Fachmesse zu den Themen Tagungslocations, Rahmenprogrammen, Veranstaltungstechnik, Geschäftsreisen, Zahlungsdienstleistern, Transportunternehmern, Verbänden und Agenturen.	München
PROMOTION WORLD	www.promotion-world.de	Internationale Fachmesse für Werbeartikel und Incentive.	Hannover
PROLIGHT & SOUND	www.pls.messefrankfurt.com	Internationale Fachmesse der Technologien und Services für Veranstaltungen und Entertainment.	Frankfurt
PYRO WORLD	www.pyro-world.de	Europäische Fach- und Consumer Messe für Pyrotechnik.	Berlin
SHOWTECH	www.showtech.de	Internationale Fachmesse und Kongress für Bühnen- und Veranstaltungstechnik, Ausstattung und Event Services.	Berlin
WerbeWiesn	www.werbewiesn.de	Fachmesse für Werbemittel und Messedesign.	München

2. Auswahl von interessanten Event-Messen im Ausland

Messe	Internetadresse	Beschreibung	Ort
access	www.accessaustria.at	Internationale Fachmesse für Kongresse, Tagungen und Incentives.	Wien
Bedouk Exhibition	www.salon.bedouk.com	Internationale Fachmesse für Events, Destinations und Incentives.	Paris
BTC	www.btc.it	Internationale Fachmesse für Veranstaltungen, Meetings sowie Incentives.	Florenz
Business Travel Show	www.businesstravelshow.com	Internationale Fachmesse für Geschäftsreisen, Incentives und Events.	London
EIBTM	www.eibtm.com	Internationale Fachmesse für Kongresse, Veranstaltungen, Meetings sowie Incentive- und Geschäftsreisen.	Barcelona
Hotel und Gast	www.hotelgast.at	Internationale Fachmesse für Gastronomie und Hotellerie.	Wien
International Confex	www.internationalconfex.com	Fachmesse für Events, Konferenzen und Tagungen mit Schwerpunkt UK.	London
suisse emex	www.suisseemex.ch	Schweizer Fachmesse für Marketing, Kommunikation, Events und Promotion. Aussteller aus dem In- und Ausland.	Zürich

Auch die regelmäßige Lektüre von Event-Fachzeitschriften hilft, bei der aktuellen Event-Rechtsprechung, Steuerfragen, Kodex-Richtlinien etc. auf dem Laufenden zu bleiben – oder einfach dabei, sich inspirieren und anregen zu lassen:

3. Auswahl von Event-Fachzeitschriften

Name	Erscheint	Homepage
CIM Conference & Incentive Management	6 × jährlich, Einzelheft oder im Jahresabo	www.cim-publications.de
Events The magazine for meetings, fairs, incentives	5 × jährlich, Einzelheft oder im Jahresabo	www.events-magazine.de
Event Partner Fachmagazin für Eventmarketing	6 × jährlich, Einzelheft oder im Jahresabo	www.musikmedia.de
Eventtechnik Fachmagazin für Veranstaltungstechnik	10 × jährlich im Jahresabo	www.production-partner.de
m+a Report Fachmagazin für die Messewirtschaft	8 × jährlich, Einzelheft oder im Jahresabo	www.m-averlag.com
MEP Marketing Event Praxis – Fachzeitschrift für Marketing Events, Messen und Veranstaltungstechnik	6 × jährlich im Jahresabo	www.mep-online.de
Trade Fairs International. Wirtschaftsmagazin für Messen und Märkte	5 × jährlich im Jahresabo	www.tfi-publications.de
tw-media. Fachzeitschrift für die Tagungswirtschaft	5 × jährlich, Einzelheft oder im Jahresabo	www.tw-media.com

GCB und Kongressdienstleister

Kennen Sie schon das German Convention Bureau? Das GCB German Convention Bureau e.V. repräsentiert und vermarktet Deutschland international wie national als Standort für Kongresse, Tagungen, Events sowie Incentives und ist somit Informationsquelle für alle, die in Deutschland Veranstaltungen planen. Das GCB ist unter anderem behilflich bei der Auswahl der passenden Veranstaltungsdestination, der Anbietersuche von Event-Locations und -Dienstleistern, beim Anreisemanagement der Teilnehmer und bei der Organisation von Educational Trips (Studienreisen, FamTrips) und Site Inspections (Inspektion/Besichtigung vor Ort)! Infos und Kontakt unter *www.gcb.de*.

Nutzen Sie bereits die kostenlosen Leistungen der Kongressdienstleister/Tourismusverbände/Convention Bureaus in Deutschland?
Von den Kongressdienstleistern erhalten Sie kostenlos Informationen über Stadt und Region, Hotels (deren Verfügbarkeit bis hin zur direkten Buchung), Tagungsstätten und Locations, Anreise- und Shuttlemöglichkeiten, Freizeitaktivitäten und Kontakte zu (Event-)Dienstleistern vor Ort. Außerdem sind diese auch bestens darüber informiert, was sich in der jeweiligen Stadt/Region in den nächsten Jahren tut (zum Beispiel neue Hotels, Messehallen, Großveranstaltungen etc.).

4. Übersicht Kongressdienstleister/Tourismusverbände/Convention Bureaus in Deutschland

Name/Adresse	Kontaktdaten
Dresden Convention Bureau c/o Dresden Marketing GmbH Messering 7 01067 Dresden	☏ +49 (0)351 50173107 🖷 +49 (0)351 50173250 ✉ convention@marketing.dresden.de 🌐 www.dresden.de/dmg/en/03/kongressplanung.php
Leipzig Tourismus und Marketing GmbH Augustusplatz 9 04109 Leipzig	☏ +49 (0)341 7104240 🖷 +49 (0)341 7104236 ✉ kongress@ltm-leipzig.de 🌐 www.do-it-at-leipzig.de/
Stadtmarketing Halle (Saale) GmbH Marktschlösschen Marktplatz 13 06108 Halle/Saale	☏ +49 (0)345 12279-0 🖷 +49 (0)345 12279-22 ✉ kongressservice@stadtmarketing-halle.de 🌐 www.stadtmarketing-halle.de/
visitBerlin/Berlin Convention Office Am Karlsbad 11 10785 Berlin	☏ +49 (0)30 263918 3 🖷 +49 (0)30 264748965 ✉ convention@visitBerlin.de www.convention.visitberlin.de/
CPO HANSER SERVICE GmbH Conference – Event – Destination – Association Management Paulsborner Straße 44 14193 Berlin	☏ +49 (0)30 3006690 🖷 +49 (0)30 3057391 ✉ berlin@cpo-hanser.de 🌐 www.cpo-hanser.de/
Hamburg Convention Bureau Steinstraße 7 20095 Hamburg	☏ +49 (0)40 30051610 🖷 +49 (0)40 30051618 ✉ info@hamburg-convention.com 🌐 www.hamburg-convention.com

Name/Adresse	Kontaktdaten
east end destination management your partner for germany – destination friendship/ east end communications GmbH Gasstraße 12 22761 Hamburg	☎ +49 (0)40 899606162 🖷 +49 (0)40 899606166 ✉ info@east-end-dmc.de 🌐 www.east-end-dmc.de/
Lübeckongress c/o Lübeck & Travemünde Marketing GmbH Holstentorplatz 1 23552 Lübeck	☎ +49 (0)451 4091913 🖷 +49 (0)451 4091990 ✉ info@luebeckongress.de 🌐 www.luebeckongress.de
Tourismus und Stadtmarketing Husum GmbH Großstraße 27 25813 Husum	☎ +49 (0)4841 8987-0 🖷 +49 (0)4841 8987-90 ✉ info@nordsee-congress.de 🌐 www.nordsee-congress.de/
BTZ – Bremer Touristik Zentrale GmbH Findorffstraße 105 28215 Bremen	☎ +49 (0)421 3080016 🖷 +49 (0)421 3080089 ✉ btz-kongress@bremen-tourism.de 🌐 www.bremen-tourismus.de
Hannover Congress Centrum | HCC Theodor-Heuss-Platz 1-3 30175 Hannover	☎ +49 (0)511 8113-0 🖷 +49 (0)511 8113-429 ✉ info@hcc.de 🌐 www.hcc.de/
Bielefeld Marketing GmbH Willy-Brandt-Platz 2 33602 Bielefeld	☎ +49 (0)521 513915 🖷 +49 (0)521 516163 ✉ info@bielefeld-marketing.de www.bielefeld-marketing.de
Kongress Palais Kassel Holger-Börner-Platz 1 34119 Kassel	☎ +49 (0)561 7077-02 🖷 +49 (0)561 7077-240 ✉ kongress-palais@kassel-marketing.de 🌐 www.kongress-palais.de/
Tourist-Information im Alten Rathaus Altes Rathaus, Markt 9 37073 Göttingen	☎ +49 (0)551 49980-15 🖷 +49 (0)551 49980-10 ✉ tourismus@goettingen.de 🌐 www.goettingen-tourismus.de
Braunschweig Stadtmarketing GmbH Convention Bureau Braunschweig (CBBS) Schild 4 38100 Braunschweig	☎ +49 (0)531 4704437 🖷 +49 (0)531 4704445 ✉ congress@braunschweig.de 🌐 www.braunschweig.de
Wolfsburg Marketing GmbH Porschestraße 2 38440 Wolfsburg	☎ +49 (0)5361 89994-87 ✉ tagungen@wolfsburg-marketing.de 🌐 www.wolfsburg.de

Name/Adresse	Kontaktdaten
Magdeburg Marketing Kongress- und Tourismus GmbH Tessenowstraße 5 a 39114 Magdeburg	☏ +49 (0)391 8380321 🖷 +49 (0)391 8380397 ✉ gf@magdeburg-tourist.de 🌐 www.magdeburg-tourist.de/
Düsseldorf Marketing & Tourismus GmbH Benrather Straße 9 40213 Düsseldorf	☏ +49 (0)211 17202839 🖷 +49 (0)211 1720232 21 ✉ business@duesseldorf-tourismus.de 🌐 www.business.duesseldorf-tourismus.de/
MÜNSTER MARKETING Klemensstraße 10 48143 Münster	☏ +49 (0)251 492-2710 🖷 +49 (0)251 492-7743 ✉ kongress@stadt-muenster.de 🌐 www.muenster.de/stadt/tourismus/kongresse.html
Tourismus- und Tagungsservice Osnabrück Osnabrücker Land Bierstraße 22/23 49074 Osnabrück	☏ +49 (0)541 3234510 🖷 +49 (0)541 3234342 ✉ tagungsservice@osnabrueck.de 🌐 www.osnabrueck.de/tagungsservice/
Köln Tourismus GmbH Kardinal-Höffner-Platz 1 50667 Köln	☏ +49 (0)221 34643-0 🖷 +49 (0)221 34643-59429 ✉ info@koelntourismus.de 🌐 www.koelntourismus.de
aachen congress c/o aachen tourist service e.v. Krefelder Straße 123 52070 Aachen	☏ +49 (0)241 1802918 🖷 +49 (0)241 1802930 E-Mail: s.koslowski@aachen-congress.de 🌐 www.aachen-congress.de/
Tourismus & Congress GmbH Region Bonn/Rhein-Sieg/Ahrweiler Platz der Vereinten Nationen 2 53113 Bonn	☏ +49 (0)228 91041-36 🖷 +49 (0)228 91041-77 ✉ b.wahlen@bonn-region.de 🌐 www.bonn-region.de/
mainzplus CITYMARKETING GmbH Rheinstraße 66 55116 Mainz	☏ +49 (0)6131 242-0 🖷 +49 (0)6131 242-100 ✉ info@mainzplus.com 🌐 www.mainzplus.com/
Frankfurt Convention Bureau Tourismus+Congress GmbH Frankfurt am Main Kaiserstraße 56 60329 Frankfurt am Main	☏ +49 (0)69 21238703 🖷 +49 (0)69 21230776 ✉ congress@infofrankfurt.de 🌐 www.frankfurt-tourismus.de
Heidelberg Marketing GmbH Ziegelhäuser Landstraße 3 69120 Heidelberg	☏ +49 (0)6221 5840242 🖷 +49 (0)6221 5840222 ✉ meet@heidelberg.de 🌐 www.heidelberg-marketing.de/

Name/Adresse	Kontaktdaten
Stuttgart Convention Bureau Stuttgart-Marketing GmbH Rotebühlplatz 25 70178 Stuttgart	+49 (0)711 2228228 +49 (0)711 2228211 info@congress-stuttgart.de www.congress.stuttgart-tourist.de/
100 Prozent Karlsruhe & Region Convention Bureau (KMK) Festplatz 9 76137 Karlsruhe	+49 (0)721 37202500 +49 (0)721 37205394 pk@100pro-mice.de www.conventionbureau-karlsruhe.de
Baden-Baden Kur & Tourismus GmbH Schloss Solms Solmsstraße 1 76530 Baden-Baden	+49 (0)7221 275266 +49 (0)72µ21 275261 sales@baden-baden.com www.baden-baden.de
Freiburg Wirtschaft Touristik und Messe GmbH & Co. KG Rathausgasse 33 79098 Freiburg	+49 (0)761 3881-1404 +49 (0)761 3881-1499 friederike.lang@fwtm.de www.fwtm.freiburg.de
München Tourismus, Convention Bureau Sendlinger Str. 1 80331 München	+49 (0)89 233-30213/-30216 +49 (0)89 233-30251 tourismus.kongressbuero@muenchen.de www.muenchen.de/rathaus/Stadtverwaltung/
Tagungserlebnis Tegernsee Hauptstraße 2 83684 Tegernsee	+49 (0)8022 927380 +49 (0)8022 9273822 info@tagungserlebnis-tegernsee.de www.tagungserlebnis-tegernsee.de
NürnbergConvention Bureau Messezentrum 90471 Nürnberg	+49 (0)911 8606-8707 +49 (0)911 8606-8371 info@nuernberg-convention.de www.nuernberg-convention.de/
Erlanger Tourismus und Marketing Verein e.V. Rathausplatz 3 91052 Erlangen	+49 (0)9131 8951-0 +49 (0)9131 8951-51 tourist@etm-er.de www.erlangen-marketing.de/
Erfurt Tourismus & Marketing GmbH Benediktsplatz 1 99084 Erfurt	+49 (0)361 6640-230 +49 (0)361 6640-199 tagungen@erfurt-tourismus.de www.erfurt-tourismus.de
weimar GmbH Gesellschaft für Wirtschaftsförderung, Kongress- und Tourismusservice UNESCO-Platz 1 99423 Weimar	+49 (0)3643 745-302 +49 (0)3643 745-333 info@weimarhalle.de www.weimar-tourist.de/weimar-gmbh.html

Tipp

Kennen Sie das für Ihre Stadt/Region zuständige Convention Bureau (Tourismusbüro oder Kongressdienstleister) und Ihren Ansprechpartner? Und kennt man Sie dort? Falls nicht, stellen Sie sich doch einfach mal persönlich vor und lassen Sie sich deren Leistungen erläutern! Es arbeitet sich besser zusammen (und man wird auch besser informiert), wenn man sich persönlich kennt ... Auch die Aufnahme in die Interessentenliste für beispielsweise Site Inspections (Destinations-, Hotel- und Locationbesichtigungen) sowie die Registrierung im Newsletter-Verteiler des Convention Bureaus vor Ort hilft Ihnen dabei, in der eigenen Region auf dem Laufenden zu bleiben!

1.1.2 Nutzen Sie Ihre eigenen Erfahrungsschätze!

Die wirkungsvollste Methode, seine Sinne zu schärfen, ist die, als Teilnehmer Veranstaltungen, Messen und Events zu besuchen, um dort Live-Eindrücke zu sammeln. Bei den eigenen Veranstaltungen können wir das nicht, denn hier sind wir häufig betriebsblind oder haben schlicht zu viele Hintergrundinfos, um auch nur annähernd objektiv zu bleiben. Auch Dienstleister-Empfehlungen von Kollegen sind gut gemeint – aber eben doch immer subjektiv.

Schauen Sie sich daher möglichst selbst genau um, hinterfragen Sie und halten Sie schriftlich fest:

Kontakte: Welche Dienstleister, Locations, Speaker etc. finden Sie bemerkenswert (gut oder schlecht)? Ihre eigenen Erfahrungen sind besonders wertvoll und unverfälscht!

Positives: Was fällt Ihnen an der Veranstaltung positiv auf? Welche Ideen, welche Aktionen gefallen Ihnen? Was kommt bei den Teilnehmern besonders gut an? Welche Problemstellungen wurden bei der Veranstaltung besonders gut gelöst – und wie?

Negatives: Wo kommt es zu Staus, Schlangen und Engpässen?
Bearbeiten Sie diese Fälle im Nachgang für sich ganz persönlich (gerne auch im Team):

- Worauf werde ich bei meiner Planung besonders achten, damit dies bei meinen Veranstaltungen erst gar nicht passieren kann?
- Was würde ich jetzt und hier tun, wenn dies meine Veranstaltung wäre? Wie würde ich eingreifen? Welche Möglichkeiten gäbe es, die Lage zu retten?

Tipp

Wenn Sie eine solche Live-Veranstaltungsbetrachtung auf ein Team verteilen können, werden Sie in relativ kurzer Zeit (drei bis sechs Monate) eine wirklich wertvolle Liste mit Tipps und Kontakten zusammentragen!

1.2 Grundlagen Ihrer Veranstaltungsplanung, Briefing

Das Briefing dient dazu, alle wesentlichen Fakten zusammenzutragen (einheitlicher Wissensstand), Änderungsschritte zu minimieren (Ziel x und Aufgaben yz wurden bereits am ... durch ... festgelegt) sowie noch unklare Details Ihrer Veranstaltung sichtbar zu machen und somit frühzeitig Klärung herbeizuführen! Da gerade bei intern organisierten Veranstaltungen die nachträglichen Änderungen am Veranstaltungskonzept häufig beklagt werden, ist ein schriftliches Briefing hierfür ein wichtiges und wesentliches Planungsinstrument.

Klären Sie hierzu die Rahmendaten und die für den aktuellen Zeitpunkt relevanten Details zu Ihrer Veranstaltung mit Ihren (internen oder externen) Auftraggebern und leiten Sie diese Informationen nach Freigabe an den Eventverantwortlichen und – falls vorhanden – auch das Event-Organisationsteam schriftlich weiter.

1.2.1 Die wichtigsten Rahmendaten Ihrer Veranstaltung (auch Briefing-Inhalt)

Jeder der folgenden Briefing-Fragen ist ab Kapitel 2 ein eigener Abschnitt gewidmet – Sie erhalten also im Weiteren zu allen Fragen vertiefendes Wissen, Arbeitshilfen und Checklisten.

5. Arbeitshilfe: Die wichtigsten Rahmendaten Ihrer Veranstaltung

Die wichtigsten Rahmendaten Ihrer Veranstaltung	Antworten
1. Art der Veranstaltung: • Warum soll es Ihre Veranstaltung geben? • Was ist der Anlass, der Grund? Was ist Ihr Ziel? • Muss die Veranstaltung beworben werden oder werden die Teilnehmer nur über den Termin in Kenntnis gesetzt? • Werden Tickets verkauft, finanziert sich die Veranstaltung über Teilnahmegebühren? **Tipp:** Das hat beispielsweise Auswirkungen auf die Vorlaufzeit, die Sie für die Organisation und Werbemaßnahmen Ihrer Veranstaltung benötigen.	
Ihre Anmerkungen:	
2. Zielgruppe: • Wer soll Ihre Veranstaltung besuchen, damit Sie Ihre Ziele auch erreichen können? Wer kann, wer soll und wer muss an Ihrer Veranstaltung teilnehmen? Mit den Muss-Teilnehmern wird der Termin abgestimmt, die Soll-Teilnehmer werden über den Termin informiert, sobald dieser feststeht (Terminreservierung/Save the date), und die Kann-Teilnehmer werden regulär eingeladen. • Gibt es eine minimale oder maximale Teilnehmerzahl? **Tipp:** Bei zahlreichen Veranstaltungen vermitteln zu wenig Teilnehmer einen negativen Eindruck. Gibt es Besuchergruppen, die im Bedarfsfalle nachgeladen werden können, um die Teilnehmerzahl auf eine passende Größe anzupassen?	
Ihre Anmerkungen:	
3. Programm/Inhalt: • Was wird den Teilnehmern geboten? • Womit wird geworben? • Was wird in der Einladung angekündigt? Achtung: Dies stellt ein Leistungsversprechen dar! • Was ist das (zumindest grobe) Programm, worin besteht der Inhalt? **Tipp:** Gibt es bestimmte Referenten oder Prominente, die für den Erfolg der Veranstaltung nützlich oder gar entscheidend sind? Gibt es Alternativen, falls diese nicht verfügbar sind?	
Ihre Anmerkungen:	

Die wichtigsten Rahmendaten Ihrer Veranstaltung	Antworten
4. Veranstaltungsbudget: Wie viel darf Ihre Veranstaltung kosten? (Falls Sie kein Budget genannt bekommen: Was haben vergleichbare Veranstaltungen in der Vergangenheit gekostet?) **Tipp:** Falls es keine Vergleichswerte gibt, ermitteln Sie das Grobbudget mithilfe der Budgetierungscheckliste in Kapitel 2.4. und legen dies Ihrem Auftraggeber zur Freigabe vor. Ohne Budget mit der Konzeption zu beginnen, ist absolut nicht empfehlenswert!	
Ihre Anmerkungen:	
5. Veranstaltungstermin: • Wann soll Ihre Veranstaltung stattfinden? (Tagsüber oder abends? Werktags oder am Wochenende?) • Gibt es bestimmte Begleitveranstaltungen, Messen etc., an die Sie mit Ihrer Veranstaltung gebunden sind? **Tipp:** Prüfen Sie den Termin mithilfe der Checkliste (siehe Kapitel 2.6) auf Realisierbarkeit!	
Ihre Anmerkungen:	
6. Veranstaltungsdauer: • Wie lange darf/soll die Veranstaltung dauern? • Soll es ein festes Ende geben (wenn ja: Wer verabschiedet?) oder ist das Ende offen? **Tipp:** Dies ist nicht nur wichtig für die Auswahl Ihrer Veranstaltungsstätte, sondern auch für die häufig gewünschte Festpreis-Garantie für Speisen und vor allem Getränke!	
Ihre Anmerkungen:	
7. Veranstaltungsort/-stätte/-location: Wo soll/muss die Veranstaltung stattfinden? (In firmeninternen Räumlichkeiten oder in externen? Im Inland oder im Ausland? In einer Versammlungs- oder Tagungsstätte, einem Tagungshotel oder einer Event-Location?) **Tipp:** Wo fanden Ihre Veranstaltungen früher statt? Möchten Sie Traditionen pflegen oder bewusst mit diesen brechen?	
Ihre Anmerkungen:	

Die wichtigsten Rahmendaten Ihrer Veranstaltung	Antworten
8. Zuständigkeiten – von wem wird was erledigt • Planen, organisieren und führen Sie Ihre Veranstaltung in Eigenregie durch oder arbeiten Sie mit einem Team? • Greifen Sie auf interne oder externe Helfer zu? • Wer vertritt Sie, wenn Sie ausfallen? (Wie ist der Wissenstransfer gewährleistet? Nicht jede Krankheit ermöglicht eine Übergabe!) **Tipp:** Falls Sie alles selbst erledigen (möchten oder müssen), legen Sie bitte besonderen Wert auf eine Notfallplanung!	
Ihre Anmerkungen:	
9. Rechtliche Vorgaben – Welche rechtlichen Vorgaben sind zu beachten? (Anmeldepflicht, GEMA, Versicherungen, Künstlersozialkasse und Versammlungsstättenverordnung sind nur einige wenige wichtige Punkte!) **Tipp:** Eignen Sie sich das für Ihre Veranstaltung notwendige rechtliche Know-how an und lassen Sie sich gegebenenfalls von einem Experten für Eventrecht beraten (siehe *2.5 Rechtliche Vorgaben*)!	
Ihre Anmerkungen:	
10. Erfolgsmessung: • Soll der Veranstaltungserfolg gemessen werden? • Und wenn ja, mit welchen Instrumenten? Achtung: Ohne ein verbindliches Ziel ist keine Erfolgsmessung möglich! **Tipp:** Was Sie auch ohne Ziele und professionelle Erfolgsmessung tun können: Halten Sie die Teilnehmerzahlen, die No-show-Rate (also die Personen, die trotz Zusage nicht erscheinen) und möglichst auch die ungefähre durchschnittliche Verweildauer fest! Dies kann Ihnen eine Menge darüber sagen, wie Ihr Veranstaltungskonzept von den Teilnehmern angenommen wird und welche Tendenzen bei Beibehaltung des Konzeptes zu erwarten sind.	
Ihre Anmerkungen:	

Vermutlich werden Sie bei Planungsbeginn einen Teil dieser Fragen noch nicht selbst beantworten können oder noch nicht in der Ausführlichkeit, in der Sie sich dies wünschen würden. Manches ergibt sich im Detail vielleicht auch erst in der Planungs- oder Durchführungsphase. Dennoch lohnt sich der Klärungsaufwand für Ihr Grobkonzept, denn mit der Beantwortung dieser Fragen legen Sie den Grundstein für die spätere Planung und Durchführung Ihrer Veranstaltung. Außerdem haben die meisten dieser Faktoren Einfluss auf Ihr Veranstaltungsbudget – und dies wird ja in der Regel zu Beginn Ihrer Planungsphase ermittelt und freigegeben!

Tipp

Falls Sie bei Ihrer Veranstaltung mit einer externen Agentur zusammenarbeiten, liefern Ihnen die Antworten auf diese Fragen bereits die Grundlage für das Agenturbriefing.

1.2.2 Erwartungshaltung und Vorkenntnisse Ihrer Teilnehmer

Holen Sie Ihre Teilnehmer dort ab, wo diese stehen!

Versuchen Sie herauszufinden:

- Welche Vorkenntnisse und Erfahrungen bringen Ihre Teilnehmer bereits zu Ihrer Veranstaltung mit?
- Welche Erwartungen bestehen bereits durch frühere Veranstaltungen oder durch Veranstaltungen Ihres Wettbewerbs?
- Möchten Sie Bekanntes in einem vergleichbaren Schema wiederholen, Erwartungen erfüllen oder mit diesen brechen?
- Welche Vorkenntnisse zu Ihrem Unternehmen und Ihren Produkten sind bereits vorhanden?
- Welche Informationen sollen oder müssen Ihre Teilnehmer auf Ihrer Veranstaltung erhalten?

Bekanntes langweilt, (Unverständliches überfordert! In beiden Fällen schalten Ihre Teilnehmer geistig ab und werden dem weiteren Verlauf Ihrer Veranstaltungen in der Regel erst nach einer Unterbrechung (wie zum Beispiel Referentenwechsel oder Pause) wieder folgen können!

Können Sie Mehrwerte schaffen?

Versuchen Sie, wo es nur irgend geht, Ihren Teilnehmern durch den Besuch Ihrer Veranstaltung oder die vermittelten Inhalte wirklichen Nutzen zu bieten!

- Welche Informationen, Produkte, Personen, Meinungsbildner etc. interessieren Ihre Teilnehmer besonders?
- Falls Ihnen das nicht bekannt sein sollte, fragen Sie nach Möglichkeit Personen aus dem Teilnehmerkreis oder Schnittstellen wie Vertrieb, Außendienst etc.
- Worüber würden Sie sich als Ihr eigener Teilnehmer besonders freuen?
- Was würde für Sie einen Nutzen, einen Mehrwert darstellen?

Zu diesen Fragen sollten Sie im Idealfall Antworten und Vorschläge zusammenfassen, die Sie dann mit Ihrem Auftraggeber abgleichen und in die Strategie Ihrer Veranstaltung einarbeiten.

Tipp

Derzeit sind Veranstaltungsmodelle angesagt, die Teilnehmer aufbauen, kompetenter und erfolgreicher machen. Also weg von einer Selbstdarstellung von Sport- oder Wirtschaftsgrößen und hin zu möglichst konkreten Tipps und Anleitungen, wie die Teilnehmer selbst ihre Ziele erreichen können. Wählen Sie daher wirklich erstklassige Referenten aus, die ihr Wissen motivierend und praxisnah an die Teilnehmer weitergeben.

Die Wünsche und Bedürfnisse Ihrer Teilnehmer stellen die Messlatte der Bewertung Ihrer Veranstaltung dar! Wenn Sie Teilnehmern Informationen oder Programmpunkte, die diesen persönlich wichtig waren, vorenthalten, werden sie Ihre Veranstaltung wohl kaum als Erfolg werten.

1.2.3 Zeitplanung/Vorlaufzeit

Für den Zeitbedarf Ihrer Veranstaltungsplanung sind zahlreiche Faktoren ausschlaggebend – wie zum Beispiel

- Teilnehmerzahl,
- Art (zum Beispiel intern oder extern) und Verfügbarkeit der Teilnehmer,
- geplante VIPs, Politiker, Referenten,
- Kapazitäten am Veranstaltungsort,
- ob und in welchem Rahmen die Veranstaltung beworben wird,
- Ticketverkauf,
- Termine von Begleitveranstaltungen, die man nutzen möchte.

Und nicht zuletzt auch die Erfahrungen und das Know-how des Eventmanagers (unter anderem bestehende Kontakte, Arbeitshilfen etc.).

Daher kann es hier keine einfache Faustregel geben. Im folgenden Leitfaden für Ihre Event-Konzeption habe ich Ihnen als Hilfestellung dennoch Richtwerte für den jeweiligen zeitlichen Vorlauf genannt. Beachten Sie hierbei bitte, dass es sich nur um Durchschnittswerte handeln soll, die je nach Ihren teilnehmer- und veranstaltungsspezifischen Besonderheiten von Ihren Werten abweichen können!

1.2.4 Leitfaden für Ihre Event-Konzeption und erster Konzept-Check

Was ist wann zu tun, wer erledigt was? Bringen Sie Struktur in Ihr Projekt Veranstaltung – dies ist unerlässlich für eine realistische Zeit-, Kosten- und Personalplanung!

Befassen Sie sich ganz besonders intensiv mit den Grundlagen und Projektschritten Ihrer Veranstaltung. Mangelhafte oder unvollständige Veranstaltungskonzepte führen zu erhöhtem Zeitaufwand, Mehrkosten, Qualitätsverlust und machen nachträgliche Veränderungen am Konzept notwendig!

Mithilfe der Briefingfragen haben Sie zu Beginn Ihrer Veranstaltungsplanung die groben Rahmendaten Ihrer Wunsch-Veranstaltung ermittelt. Hieraus werden Sie nun ein stimmiges Konzept (also Ihre Ideenskizze ergänzt um die Ergebnisse Ihrer Recherche) erarbeiten wollen, bevor Sie in die tatsächliche Aktionsplanung gehen. Warum? Am Konzept wird häufig noch geändert, gefeilt und geschliffen, bis sich Ziele und Wünsche mit Möglichkeiten und Budget decken. Erst wenn das Konzept wirklich verbindlich steht, macht es Sinn, in die eigentliche Aktionsplanung zu gehen.

6. Arbeitshilfe: Leitfaden für Ihre Eventkonzeption

Schritt 1: Die Idee entsteht

Zeitfenster: (je nach Veranstaltungsart, -größe, Ideen etc.) etwa 12 bis 24 Monate vor der Veranstaltung

- Definition der Veranstaltung
- Ideenkonzept/Ideenskizze erstellen
- Vorlage für den Entscheider

↓

Schritt 2: Die Idee reift

Zeitfenster: (je nach Veranstaltungsart, -größe, Zielen etc.) etwa 12 bis 24 Monate vor der Veranstaltung

- Konkretisierung des Ideenkonzepts gemäß Absprache mit Entscheider
- Grobkonzept (Briefing-Fragen bearbeiten)
- Grobbudget

↓

Schritt 3: Die Entscheidung wird getroffen

Zeitfenster: (je nach Veranstaltungsart, Größe, Anzahl und Art der Dienstleister etc.) etwa 9 bis 24 Monate vor der Veranstaltung

- Entschluss, die Veranstaltung durchzuführen (oder abzubrechen)
- Interne Bekanntgabe, Ernennung Projektleiter, gegebenenfalls auch Projektteam
- Motto, Stil etc. festlegen
- Detaillierte Konzeption
- Eventuell Ausschreibung/Pitch

↓

Schritt 4: Das Projekt läuft an

Zeitfenster: (je nach Veranstaltungsart, -größe, -ort, Genehmigungspflichten etc.) etwa 6 bis 18 Monate vor der Veranstaltung

- Aufgabenverteilung
- Bedarfsplanung (Material, Personal, externe Partner, Location etc.)
- Programm- und Ablaufplanung (auch Design, Regie)
- Recherche, gegebenenfalls Vorreise
- Angebote einholen, Optionieren
- Anmeldungen, Genehmigungen
- Auftragsvergabe, Buchungen vornehmen,
- Verträge prüfen und schließen
- Budget-Controlling, gegebenenfalls Klärung mit Entscheider

↓

Schritt 5: Planungsphase

Zeitfenster: (je nach Veranstaltungsart, -größe etc.) etwa 5 bis 12 Monate vor der Veranstaltung

- Präsentation vor Entscheidungsträger
- gegebenenfalls Konzept anpassen
- bei Änderungen im Konzept auch Budget anpassen
- Ablaufplan, Regiebuch
- Risiko-Management, Plan B
- Medienplanung
- Einladungsversand, Rückläufe erfassen, gegebenenfalls nachladen
- Teilnehmerhandling, Hotel-Buchungen etc.
- Personal-Auswahl, Einteilung und Schulung

↓

Schritt 6: Am Veranstaltungsort

Zeitfenster: (je nach Location, Bauten, Auflagen etc.) etwa 5 Tage vor der Veranstaltung bis Tag X

- Aktivitäten vor Ort
- Anlieferungen
- Aufbau, Abnahme
- Personal-Briefing
- Stand-by (Bereitschaft) für alle
- Start der Veranstaltung
- Eröffnung, Begrüßung
- Veranstaltung/Programm läuft
- gegebenenfalls Steuerung – zum Beispiel bei Verzögerungen im Ablauf
- Erfolgsmessung
- Dokumentation der Veranstaltung
- Veranstaltungsende
- Rückbau, Reinigung, Abtransport
- Erfassen von Schwund, Bruch und Schäden

↓

Schritt 7: Die Nacharbeit

Zeitfenster: bis etwa 2 Monate nach der Veranstaltung

- Feedback, Dank, Dankschreiben, eventuell Follow-up
- Endabrechnung
- Auswertung Erfolgsmessung – Ziele erreicht?
- Bericht an Entscheider
- Entscheidung/Änderungen für Folgeveranstaltung
- Abschlussbericht

Bitte beachten Sie, dass es sich bei den genannten Zeitangaben nur um grobe Richtwerte handeln soll! Der von Ihnen benötigte Zeitaufwand hängt von zahlreichen Faktoren ab, unter anderem von der Veranstaltungsart, Teilnehmerzahl etc. – siehe auch Kapitel 2.

Prüfen Sie Ihr Konzept direkt bei der Erstellung auf folgende eventuelle Schwachstellen – dies kann helfen, nachträglichen Änderungsaufwand zu vermeiden oder zumindest zu verringern:

7. Checkliste: Konzeption

Fragestellung	Okay?	Ihre Anmerkungen
Hat Ihre Veranstaltung ein konkretes, verständliches Ziel?		
Sind Sie bereit, an der Umsetzung des Zieles zu arbeiten (und nicht Ihre letzte Veranstaltung nachzubauen)?		
Sind Sie mit Ihrer Zielgruppe vertraut? Ist Ihnen klar, wer an Ihrer Veranstaltung teilnehmen soll/darf?		
Sind Sie für die besonderen Herausforderungen, die sich durch Ihre Zielgruppe(n) ergeben (zum Beispiel Sicherheitsmaßnahmen), gerüstet?		
Welchen Nutzen hat Ihre Veranstaltung für die Teilnehmer? Wenn sich ein Teilnehmer bei einer Veranstaltung langweilt, wird er eventuelle Folgeveranstaltungen wohl kaum noch besuchen. Hinterfragen Sie deshalb besonders sorgfältig: Mit welchem Mehrwert kann ich meine Teilnehmer fesseln? Welche Inhalte stellen einen besonderen Nutzen für den Teilnehmer dar?		
Steht Ihre Veranstaltung unter einem bestimmten Motto oder Veranstaltungsthema? Wenn ja, sollte dieses in allen Bereichen wie Einladung, Location, Programm, Deko, Speisen, Getränken, Musik bis hin zu den Bekleidungshinweisen erlebbar gemacht werden!		
Werden Teilnehmermanagement und Teilnehmerhandling benutzerfreundlich und einfach handhabbar gestaltet?		
Haben Sie einen Projektplan mit Terminübersicht für die Organisation und Vorbereitung der Veranstaltung erstellt?		
Sind im Projektplan die Aufgaben, Arbeitsschritte, Verantwortlichkeiten und Zuständigkeiten klar geregelt?		

1.3 Der Aktionsplan – Aufgaben und Arbeitsschritte

Klären Sie nun die für Ihre Veranstaltung notwendigen Aufgaben- und Arbeitsschritte und halten Sie diese in Form eines Aktionsplanes chronologisch schriftlich fest (gegebenenfalls lassen Sie sich diese noch von Ihrem Auftraggeber oder Vorgesetzten freigeben).

Tipp

Mit einer solchen Übersicht zeigen Sie Ihrem internen oder externen Auftraggeber, woran Sie im Rahmen des Veranstaltungsprojektes denken, was Sie planen und organisieren und dass Sie alles im Griff haben. Damit ist dieser Aufgaben- und Aktionsplan auch ein nicht zu unterschätzendes Instrument für Ihr persönliches Marketing in eigener Sache!

8. Arbeitshilfe: Ihr Aktionsplan (mit dem Auftraggeber abstimmen)

1. Die Ausgangslage	Ihre Anmerkungen
Welche Art von Veranstaltung (auch: Welchen Stil) wünschen Sie?	
Organisation intern: Wer ist verantwortlich? (Projektleitung, Veranstaltungsleitung)	
Ressourcen intern: Wer macht was/wer arbeitet zu? (Beachten Sie: Know-how und Kapazität)	
Wird externer Support benötigt? In welcher Form und wofür? (Agentur, Berater, Software etc.?)	
Grob-Budget: Euro gesamt (Welcher Betrag steht zur Verfügung? Erfahrungswerte?)	

2. Ihre Ziele (siehe auch Kapitel 2.1)	Ihre Anmerkungen
Was sind die Ziele Ihrer Veranstaltung? (Was möchten und was müssen Sie erreichen? Bitte konkret!)	
Qualitative Ziele (zum Beispiel Bekanntheit, Einstellung, Motivation …)	
Quantitative Ziele (zum Beispiel Besucherzahlen, Umsatz, Neukunden…)	
Image-Ziele (zum Beispiel Umweltschutz, Nachhaltigkeit … wie wird das auf Ihrer Veranstaltung gelebt oder erlebbar gemacht?)	

3. Ihre Zielgruppe (siehe auch Kapitel 2.3)	Ihre Anmerkungen
Ihre Zielgruppe(n): (Wen möchten und wen müssen Sie erreichen?)	
Wer soll gegebenenfalls noch von der Veranstaltung erfahren? (beispielsweise über Berichte, das Internet, Fachzeitschriften)	
Besucherziele/Teilnehmernutzen? (Warum kommt der Teilnehmer? Was hat der Teilnehmer vom Besuch Ihrer Veranstaltung?)	

4. Veranstaltungsstrategie	Ihre Anmerkungen
Thema, Anlass (Nutzen und Erinnerungen schaffen!)	
Motto? (Die Story Ihrer Veranstaltung)	
Programm/Inhalt (Was möchten Sie bieten? Erinnerungswert!)	
Vorphase – Veranstaltung – Nachphase: Aktionsplanung: (Wie) möchten Sie in der Vorphase Lust auf den Besuch Ihrer Veranstaltung machen, (wie) möchten Sie das Erlebte in der Nachphase vertiefen?	
Grundsätzliches (Was möchten Sie? Was möchten Sie keinesfalls?)	

5. Organisations- und Umsetzungsstrategie: Was ist zu tun? Worauf ist zu achten? (siehe Kapitel 1 bis 3)	Ihre Anmerkungen
Organisation (unter anderem Zuständigkeiten, Aufgabenplanung, Kontrolle, Berichtswesen, Steuerung)	
Budgetplanung (zum Beispiel Kostenplanung, Puffer, gegebenenfalls mögliche Einnahmen, Controlling ... siehe Kapitel 2.4)	
Terminplanung (auf Widrigkeiten achten – siehe Kapitel 2.6)	
Ablaufplanung im Detail (in tabellarischer Form: Wer macht was wann wo und wer ist dafür zuständig? Siehe Kapitel 2.8)	
Teilnehmerplanung (zum Beispiel A-Liste, B-Liste, Minimum, Maximum ...)	
Teilnehmerhandling (zum Beispiel Einladung, Rückmeldungen, Nachfassaktionen, Hotline, Buchungen, Teilnehmerregistrierung ...)	
Veranstaltungsort/Location (exklusiv? ungewöhnlich? Standard? Siehe Kapitel 2.6.2 – 2.6.4)	

Referent/Speaker/Moderator? (Kosten/Nutzen? Qualität? Plan B – siehe Kapitel 2.6.6)	
Künstler, Band, Unterhaltung (Kosten? Qualität? Plan B)	
Teilnehmer- und Crew-Bewirtung (Qualität! Dauer? – siehe Kapitel 2.6.5)	
Unterbringung (Hotel/Tagungshotel? – siehe Kapitel 2.6.4)	
Verträge (nichts unterschreiben, was Sie nicht verstehen! Vor allem AGB und Stornofristen genau prüfen!)	
Logistik (Aufbau, Abbau, gegebenenfalls Material, Exponate, Ausstellung, Sponsoren etc.)	
Teilnehmer-Logistik (Anreise, Abholung, Gästetransport)	
Personalplanung (Personalbedarf? intern/extern? Schulungsbedarf? – siehe Kapitel 3)	
Teilnehmer-Betreuung (unter anderem Begrüßung, Hospitality-Desk, Beschwerdemanagement)	
Personalleitung und Steuerung (Auswahl, Casting, Briefing, Einteilung, Arbeits-/Pausenzeiten)	
Werbemittel (Teilnehmerpräsente/Give-aways) gewünscht?	
Rechtliche Vorgaben, Genehmigungen, Anmeldungen, Versicherungen (siehe Kapitel 2.5)	
Sicherheit (Vorsorgemaßnahmen, Plan B, Notfallplanung – siehe Kapitel 2.9)	
Plan B (zum Beispiel für Ausfall, Krankheit, Stau, Streik, Schlechtwetter)	
Wettbewerbsbeobachtungen (Was macht der Wettbewerb? In welcher Qualität? Wie wollen, wie können Sie sich davon abgrenzen?)	

6. Werbung und Medienstrategie	**Ihre Anmerkungen**
Werbung für die Veranstaltung (Wie und wann machen Sie die Veranstaltung bekannt?)	
Wie, wo und wann (vor, während, nach der Veranstaltung?) soll über die Veranstaltung berichtet werden?	
(Wie) wird die Veranstaltung aufgezeichnet?	
Budget für die Medienstrategie?	
Welche bestehenden Kontakte können genutzt werden?	

7. Externe Partner/Dienstleister	Ihre Anmerkungen
Veranstaltungsagentur (Pitch? Ausschreibung? Bestehende Partnerschaften)?	
Externer Support (zum Beispiel Teilnehmerhandling, Werbung, Buchungssysteme)	
Dienstleister (Ausschreibung? Empfehlungen? Bestehende Partnerschaften?)	
Berater/Consultant (zum Beispiel für Kreativ-Konzept, Budgetplanung, rechtliche Absicherung)	
Sponsoringpartner (zum Beispiel Geld-, Sach- oder Dienstleistungssponsoring)	

8. Erfolgsmessung (siehe Kapitel 2.2)	Ihre Anmerkungen
Geeignete Maßnahme ermitteln/auswählen (zum Beispiel Befragung, online, Feedbackbogen)	
Passende Befragungszeitpunkt(e) bestimmen (Während oder nach der Veranstaltung?)	
Maßnahme(n) durchführen (Personalbedarf? Intern oder mit externer Unterstützung?)	
Auswertung (Info an wen? Auswirkung? Nutzen/ Verbesserungsmöglichkeiten für Folgeveranstaltungen)	

9. Veranstaltungs-Nachbereitung (siehe Kapitel 4)	Ihre Anmerkungen
Feedback (zum Beispiel persönlich oder per Dankschreiben)	
Erfassung von Schwund, Bruch und Schäden	
Endabrechnung (Abweichungen? Verursacher?)	
Auswertung und Kontrolle der Zielerreichung (Was lief gut? Wo gibt es Verbesserungsbedarf? Was bei Folgeveranstaltung berücksichtigen?)	
Abschlussbericht und Archivierung	

Tipp

Fragen Sie bei jedem Punkt auch positive und negative Erfahrungswerte sowie Hindernisse aus früheren Veranstaltungen ab! Was lässt sich daraus für Ihre jetzige Veranstaltung lernen?

Alternativ können Sie natürlich auch professionelle Projektmanagement-Software oder spezielle Event-Planungssoftware nutzen – zahlreiche Anbieter finden Sie, wenn Sie bei Ihrer Internetsuchmaschine den Begriff Eventsoftware oder Veranstaltungssoftware eingeben. Achten Sie bei der Auswahl darauf, dass Ihre Wunschsoftware über ein sogenanntes ›Gantt-Chart‹ verfügt – eine Übersicht, in der alle wichtigen Maßnahmen, Aufgaben, Zwischenziele und Meilensteine mit den jeweiligen Abhängigkeiten übersichtlich dargestellt werden können!

9. Muster Gantt-Chart

Musterprojekt		**2014**												
	Zeitrahmen in Wochen	**April**				**Mai**					**Juni**			
		14	15	16	17	18	19	20	21	22	23	24	25	26
Veranstaltungsvorbereitung														
Briefing/Rahmendaten festlegen	**2**													
Konkretisierung der Ideenskizze	**3**													
Entschluss zur Veranstaltungsdurchführung	**Meilenstein**													
Konzeption	**3**													
Recherchen	**3**													
Freigabe Konzept	**Meilenstein**													
Anmeldungen, Klärung rechtlicher Fragen	**2**													
Planungsphase														
Bedarfsplanung	**2**													
Aufgabenverteilung	**1**													
Programm- und Ablaufplanung	**3**													
Referentenauswahl und -anfrage	**2**													
Angebote Gewerke einholen, optionieren	**2**													
Präsentation vor Entscheider, gegebenenfalls Konzept anpassen	**Meilenstein**													
...														
		14	15	16	17	18	19	20	21	22	23	24	25	26
		April				**Mai**					**Juni**			

Tipp

Wählen Sie ein Tool/Programm, das es Ihnen ermöglicht, in der oft langen Planungs- und Vorlaufphase alle relevanten Punkte zu bedenken und in der stressigen Organisations- und Durchführungsphase den Überblick zu behalten!

Aus dem Aktionsplan ergibt sich schnell auch die Frage, ob Sie das Projekt selbst oder mit internen Kräften stemmen können – oder ob Sie zur Planung, Organisation und Durchführung externe Unterstützung benötigen.

Folgende Fragen helfen Ihnen bei der Entscheidung:

Verfügen Sie (intern) über
- das notwendige Know-how,
- die zum jeweiligen Termin erforderlichen Kapazitäten,
- das für Ihre Anforderungen nötige Maß an Kreativität,

um Ihre Veranstaltung sicher durchzuführen?

Erst wenn diese wichtigen Fragen geklärt sind, macht es Sinn, sich mit der Verteilung und dem Delegieren von Aufgabenpaketen auf die am Projekt beteiligten Personen zu befassen.

Falls Sie das Projekt nicht intern stemmen können oder möchten, können Sie die Unterstützung einer Event-/Veranstaltungsagentur, Incoming-Agentur oder eines PCO (professional conference organizers) in Anspruch nehmen. Neben einer kompletten Auftragsvergabe der Veranstaltung an externe Partner besteht natürlich auch die Möglichkeit, Experten wie Kongress-Consultants oder auch Freelancer hinzuziehen, die Sie bei der Organisation und Abwicklung Ihrer Veranstaltung beraten und/oder unterstützen. Aber Achtung: Der Begriff ›Eventmanager‹ ist nicht geschützt und auch die Bezeichnung Event-Agentur sagt alleine noch nicht viel über deren tatsächliche Expertise aus. Verschaffen Sie sich deshalb rechtzeitig im Vorfeld Sicherheit über die Leistungen, Erfahrungen und das Know-how des externen Partners!

1.4 Das Projekt Veranstaltung

Events und Veranstaltungen sind klassische Projekte mit allem, was ein Projekt auszeichnet, wie

- Zielorientierung,
- Zeitbegrenzung,
- Ressourcen-/Personalbegrenzung,
- Kostenrahmen,
- Risiko des Fehlschlages,
- spezielle Organisationsform,
- spezielle Personalsituation,
- Interdisziplinäres Know-how und
- Projektabgrenzung und eigene Projektbezeichnung.

Und ein gut strukturiertes Vorgehen im Sinne des klassischen Projektmanagements erleichtert Ihnen die Planung, Organisation, Durchführung und Nachbereitung wesentlich! Projekte laufen nun einmal nicht von selbst – auch wenn gerade interne Auftraggeber wohl manchmal diesen Eindruck haben. Erfolgreiche Projekte müssen organisiert, geleitet und gesteuert werden. Projektplanungs-Software oder auch Event-Software-Programme können dem Planer die Arbeit erleichtern, sind aber nicht zwingend erforderlich. Sie funktionieren allerdings ebenfalls nicht von alleine und können auch nur mit einem Grundverständnis von Projektmanagement erfolgreich eingesetzt werden.

Hier einige nützliche Tipps, wie Sie Ihr Veranstaltungsprojekt auch ohne Softwareunterstützung stemmen können:

1.4.1 Projekt-Strukturplanung

Definieren Sie in dem noch unüberschaubaren Veranstaltungs-Projekt klare Aufgabenpakete, Arbeitsschritte (To-dos), um so überhaupt erst eine Planung und Steuerung Ihres Projektes zu ermöglichen. Als Grundlagen hierfür kann Ihnen der Aktionsplan (siehe Kapitel 1.3) dienen.

Berücksichtigen Sie im Rahmen Ihrer Gesamtplanung folgende Einzelschritte.

10. Arbeitshilfe: Schritte Ihrer Projektplanung

Planungsfragen	Erläuterung	Ihre Anmerkungen
Terminplanung	Was soll wann geschehen? Gegebenenfalls auch: wozu? Meilensteine: Welche Teilschritte müssen bis wann abgeschlossen sein? Planen Sie hier Pufferzeiten ein!	
Infrastrukturplanung	Was benötigen Sie zur Erledigung des Projektes/der einzelnen Aufgabenpakete? Was leisten Sie selbst, was buchen Sie zu?	
Personalplanung	Wer macht was bis wann? Klären Sie, ob Know-how und Kapazität im erforderlichen Maße vorhanden sind!	
Termin- und Ressourcenplanung	Klare, detaillierte Aufteilung und Zuordnung der einzelnen Aufgaben in Arbeitspakete. Beachten Sie hierbei sowohl jeden internen Projektmitarbeiter als auch externe Dienstleistungen.	
Informations- und Berichtsmanagement	Welche Informationen werden • in welcher Form, • wann, • durch wen • und an wen übermittelt? Ein gutes Informations- und Berichtsmanagement ist entscheidend, um Mängel im Projekt möglichst frühzeitig erkennen und noch korrigieren zu können!	
Risikomanagement	Was tun, wenn es nicht rund läuft? Zum Beispiel: • Interne Ressourcen aufstocken? • Externe Unterstützung buchen? • Erhöhung des Budgets? • Terminverschiebung?	

Tipp

Achten Sie darauf, zu jedem Ihrer Arbeitspakete den Anfangs- und Endtermin, die Beteiligten (interne wie auch externe) und Verantwortlichkeiten festzulegen! Das gibt allen Projektmitarbeitern Sicherheit.

1.4.2 Projektordner

Sorgen Sie für eine feste, vorgegebene Struktur in Ihrem Projekt! Legen Sie einen Projektordner an, in den Sie ein Übersichtsblatt und beschriftete Register in einer festgelegten Reihenfolge einlegen. Das erleichtert es nicht nur Ihnen, in dem entstehenden Papier-Dschungel den Überblick zu behalten. Es ermöglicht im Krankheits- oder Vertretungsfalle auch Kollegen, sich in Ihrem Projekt zurechtzufinden und die zu erledigenden Aufgaben schnell zu erkennen und zu erledigen.

Der Inhalt Ihres Projektordners wird – je nach Art, Umfang und Vorbereitungsdauer Ihres Veranstaltungsprojektes – variieren und kann beispielsweise enthalten:

a. Aufgabenplan auf Basis Ihres Aktionsplans (siehe Kapitel 1.3)

Alle zu erledigenden Aufgaben (To-dos) und Arbeitspakete (und das können je nach Veranstaltung auch mal mehrere hundert sein) werden hier chronologisch sortiert nach Terminen eingetragen, damit auch mit dem Projekt weniger vertraute Personen im Bedarfsfall erkennen können, was heute oder in dieser Woche ansteht:

Termin	Zu erledigende Aufgaben	Bemerkung	Erledigungsstand

Tipp

Im Veranstaltungsbereich bauen zahlreiche Arbeitsschritte direkt auf das Erreichen des vorherigen Arbeitsschrittes auf – so kann beispielsweise erst wenn der Termin feststeht, die Location angefragt werden. Erst wenn wiederum diese feststeht, kann die Einladung versandt werden und so weiter.

Bei solchen Arbeitsschritten oder Etappen, die für Ihr Projektziel von besonderer Tragkraft sind, spricht man von Meilensteinen. Definieren Sie bei der Festlegung von Meilensteinen feste Termine – und rechnen Sie einen zeitlichen Puffer hinzu. So laufen Sie bei bei Projekten durchaus üblichen Verzögerungen nicht gleich Gefahr, das gesamte Veranstaltungsprojekt zu gefährden!

b. Übersicht der (internen wie externen) Projektverantwortlichen/des Projektteams (mit allen relevanten Kontaktdaten):

- Wer ist für welche Aufgabenbereiche zuständig?
- Wer berichtet an wen?

(gegebenenfalls in Form eines Organigramms)

c. (Fertig erstelltes) Briefing und (freigegebenes) Konzept

Diese stellen den Auftrag und den Bauplan Ihrer Veranstaltung dar! Gerade bei Veranstaltungen mit einer längeren Vorlaufzeit wird der ursprüngliche Auftrag leicht aus den Augen verloren und die Planung läuft in eine falsche Richtung.

d. (Freigegebene) Budget-Checkliste/Kalkulation (siehe Kapitel 2.4) und Übersicht zur kontinuierlichen Kostenverfolgung (siehe Kapitel 2.4.1)

Pflegen Sie die Übersicht zur kontinuierlichen Kostenverfolgung tagesaktuell, um Ihren internen Auftraggebern jederzeit kompetent Rede und Antwort stehen zu können!

e. Protokolle der Projektsitzungen/Ergebnisprotokoll (siehe Kapitel 3.1)

Führen Sie Ihre Protokolle in Form von Ergebnis- und Aufgabenprotokollen, aus denen hervorgeht,

- wer für welche Aufgaben zuständig ist,
- wie der Termin- und Erledigungsstand ist,
- welche Hindernisse es gibt/gab und
- wie/wann diese gelöst werden/wurden.

Auswirkungen auf den Aktionsplan sollten tagesaktuell in diesen eingearbeitet und an das Projektteam mit dem Protokoll verteilt werden.

f. Programm, Veranstaltungsablauf

- Programm aus Teilnehmersicht
- Ablauf aus Organisationssicht – inklusive Vorbereitung, Aufbau und Abbau
- gegebenenfalls auch Regiebuch (siehe Kapitel 3.2.1)

g. Teilnehmerinfos (siehe Kapitel 2.7)

Legen Sie Unterregister für Informationen zu Ihren Teilnehmern an, beispielsweise:

- Übersicht der Teilnehmerliste gesamt (zum Beispiel als Excel-Liste mit Spalten wie ›Zusage‹, ›Absage‹, ›Personenzahl‹, ›Namen der Begleitpersonen‹ etc.)
- Abholungen, Shuttles
- Hotelübersicht (Anreisetag, Anreisezeit, Abreisetag, Abreisezeit ...)
- Besondere Hinweise an die Organisation

h. Externe Dienstleister, Partner, Gewerke

Legen Sie Unterregister für alle an Ihrer Veranstaltung beteiligten externen Dienstleister, Partner und Gewerke an, beispielsweise

- Hotel,
- Location,
- Künstler,
- Speaker,
- Medien, Presse,
- Catering,
- Technik,
- Personal,

und bewahren Sie hier den Schriftverkehr wie Angebote, Aufträge, Änderungen, Aktenvermerke, Rechnungen, Feedback etc. auf.

i. Rechtliches, Absicherung und Sicherheit (siehe Kapitel 2.5) wie zum Beispiel

- Genehmigungen
- Versicherungen
- Steuern
- GEMA, KSK etc.
- Sanitäter
- Sicherheitseinweisung des Personals

j. Pläne, Fotos und Übersichten

Beispielsweise

- Hallenpläne und Standplan (zum Beispiel bei Messen, Ausstellungen)
- Raumpläne (inklusive Bestuhlungsvariante, Bühne, Tanzfläche etc.)
- Bestuhlungspläne (inklusive reservierter Plätze/Tische)
- Lagepläne (zum Beispiel Infocounter am Bahnhof oder Flughafen)
- Anfahrts- und Wegbeschreibungen

k. Erfolgsmessung (siehe Kapitel 2.2)
Diese könnte bestehen aus:
- Teilnehmerzahl
- No-show-Rate
- gegebenenfalls auch Verweildauer

Bei ausführlicher Erfolgsmessung auch:
- Art der Erfolgsmessung
- Auswertung, Protokolle, Feedbackbögen etc.
- Ergebnisse
- Informationen für künftige Veranstaltungen

l. Nachbereitung (siehe Kapitel 4)
Je nach Veranstaltungsart beispielsweise:
- Rückbauten
- Feedback
- Dankschreiben etc.

1.4.3 Risiken im Projektmanagement

In Projekten lauern zahlreiche Risiken – diese entstehen besonders häufig durch Fehler bei der Planung, Organisation und in der Personalführung. Und das ist auch gar kein Wunder, da gerade bei der internen Veranstaltungsplanung diese Aufgabe häufig on top zur eigentlichen Tätigkeit erfolgt. Während der häufigste Planungsfehler – zu optimistische Schätzung von Terminen und Kosten – häufig auf mangelnder Erfahrung beruht, ist die Ursache für Organisationsfehler oft mangelnde Koordination und Kommunikation!

Behalten Sie bei Ihrer Planung daher besonders die folgenden Risiken im Auge:
- mangelhaft/unklar definierte Aufgaben und Ziele
- keine ausreichende oder eine zu grobe Planung
- Kommunikationsprobleme zwischen Auftraggeber und Auftragsempfänger(n)
- Kompetenzstreitigkeiten durch unklare Zuständigkeiten
- mangelnde Führungsqualitäten des Projektleiters

Ein einfaches und schönes Instrument zur Erkennung der Abhängigkeiten und Zusammenhänge bezüglich Zielvorgaben und Wünschen im Veranstaltungs-Projektmanagement ist das sogenannte ›Magische Dreieck des Projektmanagements‹.

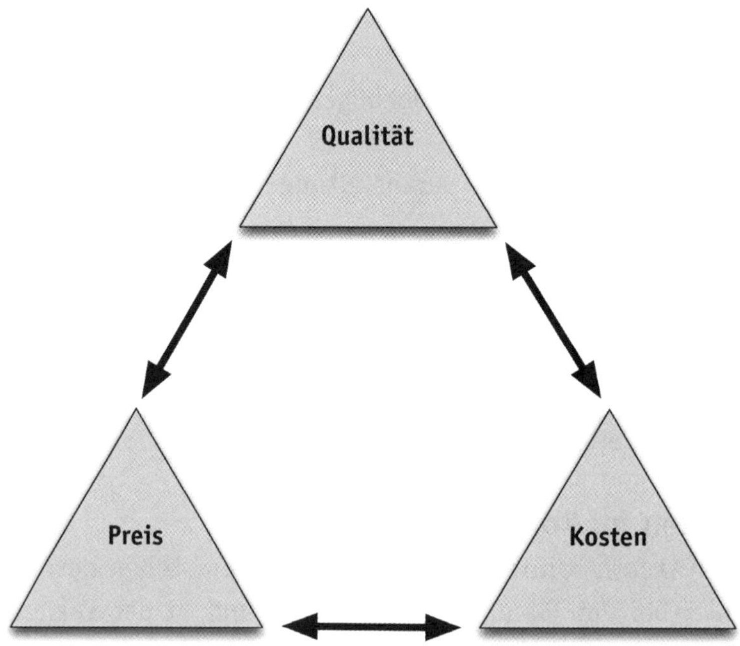

Abbildung 1: Magisches Dreieck des Projektmanagements

Natürlich haben Sie als Veranstaltungsmanager den Wunsch, die Erwartungen und Zielvorgaben Ihrer (internen) Auftraggeber zu erfüllen. Teilweise kann es jedoch schwierig werden, sämtliche Vorstellungen hinsichtlich Qualität, Zeit- und Kostenvorgaben in Einklang zu bringen!

Beachten Sie, dass das Ihnen zur Verfügung stehende Budget, die Ansprüche an die Qualität Ihrer Veranstaltung sowie die zur Vorbereitung der Veranstaltungen vorhandene Zeit in einem direkten Zusammenhang miteinander stehen!

Hier einige Beispiele:
Sollen Sie eine Veranstaltung in kurzer Zeit aus dem Ärmel schütteln, geht dies oftmals zu Lasten der Qualität (Schubladenkonzepte, keine Qualitätsprüfung etc.) und wird teurer (Überstundenaufschläge, zusätzlich notwendiges Personal usw.).

Muss bei Ihrer Veranstaltung mit einem besonders geringen Budget gehaushaltet werden, kann dies ebenfalls Ihre Qualitätsansprüche gefährden. Sie werden dann nicht mit Ihren Wunschdienstleistern arbeiten können, sondern müssen Ihre Partner rein nach Preis auswählen. Natürlich kann günstig auch gut sein, das sollte aber sorgfältig geprüft werden. Dadurch benötigen Sie zusätzlich mehr Vorlaufzeit.

Für besonders hohe Qualitätsanforderungen hinsichtlich Konzeption, Vorbereitung, Ausarbeitung etc. benötigen Sie ausreichend Zeit, für Top-Qualität bei den Dienstleistern wie zum Beispiel Catering, Künstler etc. benötigen Sie einen angemessenen Kostenrahmen.

Dies soll verdeutlichen, dass nachträgliche Änderungen an den Briefing-Vorgaben automatisch auch Veränderungen der beiden anderen Steuergrößen nach sich ziehen!

Tipp

Weisen Sie als Projektleiter Ihre Auftraggeber bei unrealistischen Zielvorgaben und auch bei Änderungen während des Projektes unbedingt auf die zu erwartenden Auswirkungen hin – denn einfaches Stillschweigen wird in unserem Kulturkreis häufig unausgesprochen als Akzeptanz interpretiert!

1.5 Zusammenarbeit mit externen Partnern, Dienstleistern, Agenturen – verschaffen Sie sich Sicherheit!

Bei nahezu allen Veranstaltungen arbeiten Veranstaltungsplaner heute mit externen Partnern und Dienstleistern zusammen – beispielsweise bei Location, Tagungshotel, Technik, Künstlern, Referenten, musikalischem Unterhaltungsprogramm oder beim Catering. Wie und wo Sie externe Partner recherchieren können, hatten wir im Kapitel 1.1 in den Abschnitten Event-Messen Inland, Event-Messen Ausland, Event-Fachzeitschriften, GCB und Kongressdienstleister bereits angesprochen.

Wenn Sie Recherche, Auswahl und Buchung selbst vornehmen möchten, gehört es zu Ihren Aufgaben,

- sich bereits vor der Buchung Sicherheit über die Leistungen der externen Vertragspartner zu verschaffen und
- eine erfolgreiche Zusammenarbeit durch professionelle Kommunikation zu ermöglichen und zu sichern!

Ihr Aufgabenfeld bei der Zusammenarbeit mit externen Partnern, Gewerken, Dienstleistern und Agenturen ist umfangreich und vielfältig! Es umfasst – je nach Veranstaltungsart und -größe – bei jedem Ihrer Partner:

11. Arbeitshilfe: Zusammenarbeit mit externen Partnern

Arbeitsschritte	Erledigen Sie
Bedarfsabfrage	Legen Sie möglichst detailliert fest, was Sie mindestens buchen müssen – und gegebenenfalls auch noch, welche Zusatzleistungen Sie gerne in Anspruch nehmen würden, wenn Ihr Budget dies erlaubt.
Besonderheiten, Wünsche, Vorgaben	Gibt es bei Ihrer Veranstaltung und Ihren Teilnehmern Dos und Don'ts? Haben Sie bereits gute und schlechte Erfahrungen bei früheren Veranstaltungen gemacht? Halten Sie Ihre Wünsche und Vorgaben fest, damit Sie diese später den externen Partnern mitteilen können.
Briefing vorbereiten	Erstellen Sie Ihr Briefing (siehe Kapitel 1.2.1) schriftlich und vollständig.
Recherche	Mit welchen externen Partnern arbeiteten Sie in der Vergangenheit bereits zusammen? In welchen Bereichen waren Sie zufrieden, wo gibt es Verbesserungsbedarf? Soll diese Veranstaltung direkt an diesen externen Partner vergeben werden oder möchten Sie auswählen, ausschreiben?
Vorauswahl treffen	Bei einer größeren Anzahl an infrage kommenden Anbietern empfiehlt es sich, die Anzahl auf drei bis maximal fünf pro Gewerk einzugrenzen. Sonst wird Ihr Arbeitsaufwand für Briefing, Angebotsvergleich, Kommunikation etc. einfach zu groß. Eingrenzen können Sie beispielsweise nach: • Kompetenz und Kreativität, • Erfahrungen mit Ihrer Veranstaltungsart/Zielgruppe, • Erfahrung mit Ihrem Unternehmen oder Ihrer Branche, • Empfehlungen, • regionaler Nähe • und danach, ob der Anbieter zu Ihnen/Ihrem Unternehmen passt?
Briefing des externen Partners	Ein ausführliches, umfassendes und ehrliches Briefing ist die Grundlage für ein seriöses und vollständiges Angebot (Arbeitshilfe zum Briefing siehe Kapitel 1.2.1). Die Unart frei nach dem Motto ›Wir lassen die mal groß und üppig anbieten, streichen können wir dann ja immer noch‹ ist nicht zu empfehlen und verursacht für alle Seiten Mehrarbeit. Häufig bleibt dann nur noch ein fragwürdiges Gerippe des ursprünglichen Angebots erhalten.

Arbeitsschritte	Erledigen Sie
Gewissheit und Sicherheit über die Leistungen und Qualität verschaffen	Beispielsweise per: **Vorreise** (bei einer fremden Stadt) sowie ausführlichem Hotel- und Location-Check – das GCB (siehe auch Seite 26) und/oder auch die ortsansässigen Kongressdienstleister unterstützen Sie dabei (im Ausland Incoming-Agenturen und/oder die jeweils zuständigen Tourismusbüros ansprechen). **Probeessen** beim Caterer gemäß Ihren Budgetvorgaben und Wünschen – wobei auf der Hand liegt, dass ein solches Probeessen nicht die Live-Gegebenheiten Ihrer Veranstaltung widerspiegelt, sondern es hier vordringlich um Art, Umfang und Qualität der Speisen geht. Bands und Künstler **live ansehen** oder diese Aufgabe an einen qualifizierten Erfüllungsgehilfen delegieren, der an Sie berichtet. **Referenzprüfung:** Fassen Sie bei genannten Referenzen ruhig auch mal nach, welche Erfahrungen diese mit dem jeweiligen Dienstleister gemacht haben. Dies kann das einseitige (Werbe-)Bild einer Broschüre oder Internetseite sehr schön abrunden und wichtige Hinweise für eine erfolgreiche Zusammenarbeit bieten.
Präsentation, Angebotsvergleich, Entscheidung	Vorsicht vor Lockangeboten! Vergleichen Sie bei Angeboten nicht nur Preise, sondern auch die dazugehörigen Leistungen. Sie erkennen professionelle und seriöse externe Partner – neben Erfahrung und Know-how – auch daran, dass sie sich nicht auf Dumpingpreise einlassen (ab einem gewissen Preis kann die gewünschte Qualität nicht mehr geliefert werden).
Auftragserteilung	Nach einer eventuellen Angebotsanpassung bezüglich Preis und/oder Leistungen wird der Auftrag erteilt. Prüfen Sie vor Vertragsunterzeichnung unbedingt auch das Kleingedruckte und die Allgemeinen Geschäftsbedingungen Ihrer Partner! Wenn Sie etwas nicht verstehen, lassen Sie sich von Eventspezialisten beraten.
Plan B und Risikomanagement	Sichern Sie Ihre Veranstaltung frühzeitig und ausreichend gegen Risiken ab (siehe Kapitel 2.9).
Rechtzeitige Installation	Klären Sie rechtzeitig die Anforderungen Ihrer externen Partner, beispielsweise an die Location, den Tagungsraum, Zelt etc. (zum Beispiel Starkstrom, besondere Zufahrtswege, Breite der Eingangstüren), und planen Sie ausreichend Zeit für Aufbau und Installation ein. Gegebenenfalls müssen Sie dafür zusätzliche Auf- und Abbauzeiten in der Veranstaltungslocation buchen.
Test und Probe	Vor allem bei Präsentations-, Licht- und Soundtechnik unentbehrlich!
Go!	Ihre Veranstaltung läuft. Nun liegt es an Ihnen, beziehungsweise der Projektleitung vor Ort eine beständige professionelle Kommunikation zu gewährleisten, die Leistungen der Partner zu überwachen, die Zusammenarbeit zu steuern und falls nötig auch einzugreifen.
Feedback	Wo immer Ihnen (beziehungsweise der Projektleitung vor Ort) Dinge, Abläufe etc. auffallen, die Sie sich anders wünschen oder die anderes vereinbart waren, geben Sie bitte sofort Feedback! Nur so hat der externe Dienstleister noch die Möglichkeit nachzubessern. Wenn Sie mit allem zufrieden sind, reicht ein kurzes persönliches Feedback im Anschluss an die Veranstaltung.

Arbeitsschritte	Erledigen Sie
Abrechnung	Weisen Sie die externen Partner möglichst darauf hin, dass die Rechnungsstellung zeitnah nach der Veranstaltung erfolgen sollte, damit Sie das Projekt auch zeitnah abschließen können. Preisminderungen können Sie nur bei ernsthaften Abweichungen vom Auftrag erwarten. Das bedeutet: Nur wenn der Dienstleister bereits während der Veranstaltung auf die Mängel hingewiesen wurde und so die Möglichkeit zur ordnungsgemäßen Auftragserfüllung hatte, können Sie einen Nachlass fordern. Salopp gesagt kann es für eine Preisminderung nicht ausreichend sein, den Teller leer zu essen und dann erst zu sagen, dass das Essen nicht geschmeckt hat ...

Da dies alles ein umfangreiches Arbeitspaket darstellt, haben sich zahlreiche Dienstleister von Location-Scouts bis Künstler- oder Referentenagenturen darauf spezialisiert, Ihnen Aufwand abzunehmen und Ihre Veranstaltungsorganisation zu erleichtern. Buchen Sie – je nach Budgetlage – gegebenenfalls die Leistungen zu, die Ihnen eine sichere und zeitsparende Durchführung Ihrer Veranstaltung ermöglichen, und erledigen Sie selbst, was Ihnen besonders Freude macht oder auch schlicht zu aufwendig wäre, outzusourcen.

Tipp

Abrechnungsmodelle von Speaker-, Künstler- und Referentenagenturen etc.: Klären Sie detailliert, wie die Vergütung der Speaker (Künstler, Referenten, Moderatoren etc.) erfolgt,

- ob also beispielsweise die Leistungen der Speaker nach Stundenaufwand oder über eine Tagespauschale abgerechnet werden,
- ob die Agenturen eine sogenannte Handling-Fee auf das Honorar der externen Partner aufschlagen oder einen festen Betrag oder Stundensatz für ihre Leistungen erhalten.

Bei allen für Sie nicht transparenten Vergütungsmethoden stellt sich die Frage, ob Ihre externen Dienstleister Ihnen die für Ihre Veranstaltung und Vorgaben besten Partner empfehlen – oder die, bei denen sie die größtmögliche Marge erzielen. Legen Sie daher eine für Sie transparente Vergütungsmethode fest.

Im nun folgenden Buchabschnitt erhalten Sie Hintergrundinformationen zu den Veranstaltungsdetails, mit passenden Arbeitshilfen, Checklisten sowie zahlreichen Praxistipps.

2. In die Tiefe gehen – Details Ihrer Veranstaltungsplanung

Legen Sie die nötigen/gewünschten Inhalte Ihrer Veranstaltung in einer detaillierten Veranstaltungsplanung schriftlich fest. Starten Sie beim Ziel! Warum dies so wichtig ist, verdeutlicht der belgische Veranstaltungs- und Kongressexperte Maarten Vanneste in seinem wundervollen und erhellenden englischsprachigen Buch *Meeting Architecture, A Manifesto*. Die sinngemäße Übersetzung lautet:

Veranstaltungsarchitektur ist die Kunst, Inhalt und Format einer Veranstaltung so zu gestalten, dass das gewünschte Teilnehmerverhalten erreicht wird. Der Veranstaltungsarchitekt kann erst dann mit seiner Arbeit beginnen, wenn die Zielsetzungen klar abgesteckt sind. Deshalb dürfte eine seiner wichtigsten Aufgaben sein, dem Veranstaltungskunden bei der Formulierung konkreter Ziele für seine Veranstaltung zu helfen. Dann nutzt er ein breites Spektrum an Fertigkeiten und Instrumenten vor, während und nach der Veranstaltung, um die Teilnehmer mit Informationen zu versorgen [...].

2.1 Ihr(e) Veranstaltungsziel(e)

Rennen Sie also nicht gleich los, sondern starten Sie bei Ihrer Planung mit der Definition und Festlegung der Ziele Ihrer Veranstaltung: Was wollen, was müssen Sie mit Ihrer Veranstaltung erreichen, um diese als Erfolg zu werten? Nur wenn Ihr Unternehmen den gewünschten Nutzen aus der Veranstaltung ziehen kann, legitimieren sich die erforderlichen finanziellen Investitionen und der zeitliche Aufwand. Sie wissen ja, Veranstaltungen sind durchaus kein Selbstzweck. Ihnen stehen zahlreiche andere (Marketing-)Möglichkeiten zur Verfügung, um Ihre Kunden zu informieren, neue Käufergruppen zu erreichen, mit potenziellen Kunden zu kommunizieren oder Mitarbeiter weiterzubilden – von Internet-Präsentationen oder -Konferenzen über klassische Kampagnen bis hin zu Webinaren. Wenn Sie also eine erfolgreiche Veranstaltung schaffen möchten, müssen Sie sich erst einmal Gedanken darüber machen, wie ein solcher wirtschaftlicher und/oder strategischer Erfolg aussehen soll, um dafür die passenden Umsetzungsstrategien zu entwickeln.

Außerdem ist ohne Ziele eine Erfolgsmessung – also eine Messung des Zielerreichungsgrads – nicht möglich. Auch auf die neuerdings so häufig gestellte Frage: »Lohnen sich die Ausgaben für diese Veranstaltung überhaupt für uns?« ist ohne Definition der Veranstaltungsziele keine klare Antwort möglich. Kurz: Ohne klare Ziele können Sie nicht erkennen, ob und wann Sie vom Weg abkommen – oder ob Sie Ihre Ziele erreicht haben! Häufig verfolgen Unternehmen mir Ihren Veranstaltungen sogar gleich mehrere verschiedene Ziele. Erarbeiten Sie dann bitte klare Bemessungsgrundlagen für jedes der definierten Ziele.

Legen Sie Ihre Ziele möglichst nach dem SMART-Prinzip fest, also	
Spezifisch	Ziele verständlich und klar definieren
Messbar	Ziele nach klaren Messbarkeitskriterien festlegen
Angemessen	Ziele angemessen und auch anspruchsvoll definieren
Realistisch	Ziele machbar und erreichbar festlegen
Terminiert	Ziele mit klarer Terminvorgabe festlegen, also bis wann die Ziele – gegebenenfalls auch bis wann welche Zwischenziele – erreicht sein sollen

Wenn möglich, sollten Sie Ihre Veranstaltungsziele im Team und in Abstimmung mit Ihrem Vorgesetzten oder Auftraggeber festlegen, um sich unnötigen Änderungsaufwand zu ersparen.

12. Arbeitsfragen für Ihre Zieldefinition

Zieldefinition	Ihre Antwort	Noch zu klären
Warum führt Ihr Unternehmen diese Veranstaltung überhaupt durch? (Wozu wollen Sie motivieren? Zu welcher Handlung aktivieren? Worüber müssen Sie informieren?)		
Was will Ihr Unternehmen mit der Veranstaltung erreichen? (wirtschaftliche Ziele? Strategische Ziele?)		
Was muss mindestens erreicht werden? (Untergrenze)		
Was soll nach der Veranstaltung anders sein als heute? (zum Beispiel Image? Stimmung der Mitarbeiter?)		
Sind Ihre Ziele konkret, verständlich und realistisch?		
Bis wann sollen Ihre Ziele erreicht werden?		
Sind die Ziele (gegebenenfalls auch Zwischenziele) in dem festgelegten Zeitraum erreichbar?		
Gibt es Hindernisse? Wenn ja, welche?		
Benötigen Sie zur Erreichung der Ziele interne oder externe Hilfe? (Informationen, Manpower, Vollmachten)		
Kann/soll durch Belohnung motiviert werden?		

Klassische Veranstaltungshauptziele könnten beispielsweise Teilnehmerzahlen, Umsatzgrößen oder Neukundengewinnung sein (definieren Sie bei solchen Zielen bitte klare Zahlenvorgaben). Vielleicht verfolgen Sie mit Ihrer Veranstaltung auch Informationsziele (zum Beispiel über neue Produkte), Imageziele (zum Beispiel Steigerung des Bekanntheitsgrades Ihres Unternehmens oder eines bestimmten Produktes, Verbesserung des Images etc.) oder Motivationsziele (zum Beispiel Mitarbeitermotivation, Teilnehmerzufriedenheit)? Oder Sie möchten Ihre Teilnehmer zu einer bestimmten Handlung aktivieren? Auch hier sollten Sie sich die Mühe machen, messbare Zahlen für Ihre Erfolgsmessung zugrunde zu legen.

Auch bei der Zieldefinition empfiehlt sich eine Betrachtung früherer Veranstaltungen, beispielsweise:

- Was genau waren Ihre Ziele?
- Wie hoch war der Grad der Zielerreichung/die Erfolgsquote?
- In welchem Zeitraum wurden die Ziele erfüllt?
- Lob, Kritik, Feedback

2.2 Erfolgskontrolle/Erfolgsmessung

Eine korrekte Erfolgsmessung ist das beste Mittel, um Veranstaltungen von dem negativen Image der Geldverschwendung zu befreien:

- Durch Erfolgsmessung lässt sich festhalten, ob und wie gut Sie Ihre Veranstaltungsziele erreicht haben und ob sich der Aufwand für Sie gelohnt hat.
- Zusätzlich können Sie Ihre Erfolgskontrolle auch hervorragend dazu nutzen, um beispielsweise den Wissensstand und die Stimmung der Teilnehmer oder deren Erwartungen an die Veranstaltung abzufragen.
- Eine richtig durchdachte und durchgeführte Teilnehmerbefragung liefert außerdem wichtige Hinweise, die Ihnen helfen sich bei Folgeveranstaltung zu verbessern.

Klingt nach einem spannenden Instrument, oder?

Einige Informationen für Ihre Erfolgskontrolle können Sie aus relativ einfach zu beschaffenden Daten ableiten:

- Teilnehmerzahl (um wirklich aussagekräftige Tendenzen ermitteln zu können, betrachten Sie hierbei möglichst die letzten drei bis fünf Veranstaltungen)
- No-show-Rate
- Verweildauer der Teilnehmer auf Ihrer Veranstaltung oder an einzelnen Veranstaltungspunkten, Ausstellungsstücken etc.

Richtig spannend wird es, wenn Sie sich tatsächlich auf eine professionelle Erfolgsmessung einlassen können. Gemessen an den Veranstaltungskosten und dem Organisationsaufwand ist das ein durchaus überschaubarer Aufwand! Eine Erfolgsmessung mit aussagekräftigen Ergebnissen bedarf allerdings einer gründlichen und durchdachten Vorbereitung. Legen Sie hierfür fest, was, wer, wie und wann gemessen werden soll.

Welche Methode der Erfolgsmessung für Sie die richtige ist, hängt von Ihrer Veranstaltung, Ihrer Zielgruppe und Ihrem Budget ab.

2.2.1 Was messen, wonach fragen?

Sie machen sich zu Beginn Ihrer Veranstaltungsplanung die Mühe, verbindliche, konkrete, machbare Ziele zu definieren. Dann ist es nur logisch zu messen, ob und inwieweit diese erreicht wurden! Fragen Sie bitte nur nach Fakten oder Bausteinen, die tatsächlich relevant für Sie sind, die auch ausgewertet werden und/oder Einfluss auf Folgeveranstaltungen haben. Die Fragen sollten kurz (nicht verschachtelt), nicht beeinflussend (keine Suggestivfragen) und verständlich gehalten sein, sonst steigt die Abbruchquote.

Wenn Sie beispielsweise erfahren wollen, wie das von Ihnen präsentierte Produkt ankam, könnten Sie fragen,

- welche Erwartungen, Anforderungen, Wünsche der Teilnehmer an das Produkt hat,
- wie das Preis-Leistungsempfinden beim Teilnehmer ist,
- welche Details oder Eigenschaften Ihres Produktes in Erinnerung geblieben sind (»Bitte beschreiben Sie in Ihren Worten ...«),
- welche Wünsche noch offen geblieben sind.

Vielleicht interessieren Sie sich auch dafür, wie einzelne Veranstaltungsbausteine bei den Teilnehmern ankamen, beispielsweise Vortragsthemen, Referenten, Präsentationsmethodik, Künstler, Location. Oder Sie hinterfragen, welchen Wert/Nutzen die vermittelten Inhalte und Informationen für die Teilnehmer haben und wie die Quantität und Qualität der vermittelten Informationen eingeschätzt wird?

Tipp

Fragen Sie richtig – weniger ist mehr! Also lieber fünf sorgfältig ausgewählte Fragen stellen, die auch gründlich und ehrlich beantwortet werden, als zehn, bei denen die Teilnehmer der Menge wegen nur schnell fertig werden möchten.

2.2.2 Wer soll befragt werden?

Wessen Meinung ist Ihnen wichtig? Wessen Meinung ist Ihnen den Aufwand der Erfolgsmessung wert?

Möchten Sie eine Befragung aller Teilnehmer Ihrer Veranstaltung durchführen, nur einer bestimmten Teilnehmergruppe (zum Beispiel Besucher ja, Aussteller nein), oder möchten Sie Zufallsstichproben durchführen?

Wie viele Personen müssen mindestens an der Befragung teilnehmen, damit diese für Sie aussagekräftig ist?

Werden auch Mitarbeiter des Unternehmens befragt? Wenn ja, in welchem prozentualen Anteil zur Gesamtzahl der Befragten?

2.2.3 Wie soll gemessen werden?

Wählen Sie sorgfältig aus, in welcher Form Sie Ihre Erfolgsmessung durchführen möchten, denn nicht jede Form eignet sich für jede Zielgruppe und Veranstaltungsart.

Hier einige Beispiele klassischer Mess- und Befragungsmethoden:

- persönliche Besucherbefragung
- Teilnehmer- oder Veranstaltungsbeobachtung
- Feedbackbogen (Papier, online etc.), elektronisch, beispielsweise per Abstimmungsgerät

Tipp

Gerade bei der Befragung und bei der Beobachtung ist es für die Qualität der Ergebnisse ausschlaggebend, dass diese von geschultem, veranstaltungserfahrenem Personal durchgeführt werden – damit die Ergebnisse auch wirklich verwendbar und auswertbar sind!

2.2.4 Wann soll was gemessen werden?

Vor der Veranstaltung können Sie Stimmung, Erwartungen, Wissensstand etc. festhalten, um so einen Vergleichswert für Ihre weitere Messung zu ermitteln.

Während der Veranstaltung werden die Teilnehmer informiert, aktiviert und durch positive Erfahrungen und Eindrücke emotional aufgeladen. Während der Veranstaltung oder unmittelbar danach können Sie zu Erfahrungen während der Veranstaltung und den vermittelten Informationen befragen, welche Wünsche oder Erwartungen erfüllt oder auch nicht erfüllt wurden, sowie Eindrücke, Stimmungen und Meinungen zu Live-Erlebnissen etc. festhalten.

Tipp

Lassen Sie die Erfolgsmessung nicht zum Negativ-Erlebnis werden, beispielsweise indem Sie Ihre Teilnehmer vom Kaffee, Buffet oder Verlassen der Location abhalten.
Eine Kopplung an Gewinnspiele oder andere Anreizinstrumente zu einer Teilnahme an der Erfolgsmessung verfälscht die Befragungsergebnisse (»Wenn ich ehrlich sage, dass mir die Veranstaltung nicht gefallen hat, gewinne ich bestimmt nicht ...«).

Im Nachgang zur Veranstaltung (zu einem festgelegten Termin danach) können Sie beispielsweise erfassen:

- welche Eindrücke, Informationen und Erinnerungen bei den Teilnehmern haften geblieben sind,
- wie groß der Praxisnutzen ist (also ob die vermittelten Informationen, Arbeitshilfen oder Checklisten in der Praxis auch angewendet werden und den gewünschten Nutzen bringen) und
- ob weiterer Informationsbedarf besteht beziehungsweise vielleicht auch erst entstanden ist, nachdem sich die vermittelten Informationen ein wenig gesetzt haben.

2.2.5 Auswertung der Erfolgsmessung/Kontrolle der Zielerreichung

Die Auswertung Ihrer Erfolgsmessung soll natürlich der Bewertung Ihrer Veranstaltung dienen und Verbesserungsmöglichkeiten aufzeigen – sie kann aber auch als Grundlage für die Entscheidung dienen, ob das Unternehmen weitere Veranstaltungen der gleichen Art durchführen möchte oder ob das Konzept im Ganzen oder in Bausteinen geändert werden sollte.

Vergleichen Sie bei vorab gestellten Fragen zu Stimmung, Erwartungen, Wissensstand etc. (siehe Kapitel 2.2.4) diesen Status quo mit Ihrem nun ermittelten Ist-Zustand nach der Veranstaltung und prüfen Sie den Abweichungsgrad.

Beantworten Sie zur Kontrolle der Zielerreichung mindestens die folgenden Fragen (falls Sie im Rahmen Ihrer Kommunikations- und Marketingziele mehrere Aktionen durchführen, prüfen Sie bitte jede Maßnahme für sich):

- Wurden die zu Beginn definierten Ziele im geplanten Umfang und im gesetzten Zeitrahmen erreicht? Wenn ja – möchten Sie weitere Marketingveranstaltungen dieser Art durchführen?
- Wenn nicht alle, welche wurden erreicht – welche nicht? Betrachten Sie Misserfolge und Verbesserungspotenzial sorgfältig, analysieren Sie diese und leiten Sie daraus Ihre Hinweise für die Zukunft ab!
- Wurden die Ziele gar nicht erreicht? In diesem Falle sollten Sie die Gründe dafür genau untersuchen, um nicht vielleicht ein Veranstaltungs- oder Aktionskonzept vorschnell einzustellen, bei dem eventuell nur Parameter wie Zeit, Ort, Zielgruppe etc. falsch gewählt waren.

Tipp

Informieren Sie im Nachgang auch Ihr Projektteam und die an der Veranstaltungsorganisation beteiligten Personen über den Zielerreichungsgrad oder die Abweichung von den Zielen!

2.2.6 Der Feedbackbogen

Der Feedbackbogen (in Papierform oder elektronisch) ist derzeit die gängigste Form der Erfolgsmessung. Hier werden jedoch leider häufig Bewertungen in umkommentierte Gesamtnoten zusammengefasst, wodurch wenig aussagekräftige Werte entstehen (beispielsweise Referent Note 2,3; Tagungsraum Note 2,5 etc.). Welche Anhaltspunkte oder Verbesserungsmöglichkeiten für Ihre künftigen Veranstaltungen können Sie hieraus ziehen? Wenn Sie aus einer mittelmäßigen oder gar negativen Bewertung keine Verbesserungsmöglichkeiten erhalten, war die Frage beziehungsweise Antwortmöglichkeit nicht richtig gewählt! Bieten Sie neben geschlossenen Fragen auch die Möglichkeit für offene Antworten – obwohl diese für Sie einen deutlich größeren Aufwand bei der Auswertung nach sich ziehen.

Tipp

Bei der Skalierung (Schulnoten, Prozente, Smileys etc.) empfehle ich Abwechslung, damit sich der Teilnehmer nicht innerlich auf einen Mittelwert einstellen und die Fragen dann in wenigen Sekunden durchrattern kann, sondern bei jeder Frage neu gefordert ist, nachzudenken.

13. Mustervorlage Event-Feedbackbogen

Feedbackbogen Seminarveranstaltung xyz vom xx.xx.xxxx

Vielen Dank, dass Sie uns helfen, Ihnen künftig noch bessere Seminare zu bieten! Welche Verbesserungsvorschläge haben Sie für uns?

Bitte sagen Sie uns Ihre Meinung – in Schulnoten von sehr gut (1) bis ungenügend (6):

Inhalte des Seminars	**1**	**2**	**3**	**4**	**5**	**6**
Das Thema wurde interessant und praxisnah präsentiert.	❍	❍	❍	❍	❍	❍
Ich habe neue Erkenntnisse für meine Tätigkeit gewonnen.	❍	❍	❍	❍	❍	❍
Ich fühle mich durch das Seminar für meinen Arbeitsalltag gut gerüstet.	❍	❍	❍	❍	❍	❍

Anmerkungen:

Ihre Meinung – von 0 Prozent (gar nicht) bis 100 Prozent (optimal)

Seminardurchführung	**%**
Trainer/Trainerin verfügte über das zur Vermittlung der Inhalte erforderliche Know-how.	
Trainer/Trainerin hat die Inhalte anschaulich und verständlich vermittelt.	
Trainer/Trainerin ging auf Fragen und Problemstellungen der Teilnehmer ein.	

Anmerkungen:

Werden Sie dieses Seminar empfehlen? Mit welchen Worten:

Ihr Name: ____________________ (Angabe natürlich freiwillig)

Herzlichen Dank,

Ihr xxx

2.3 Ihre Zielgruppe(n)

Nach der Definition der Ziele legen Sie fest, wen Sie einladen müssen beziehungsweise wer Ihre Veranstaltung besuchen muss, damit Sie Ihre definierten Ziele auch erreichen können. Wer muss, wer soll und wer kann an Ihrer Veranstaltung teilnehmen? Ihre Zielgruppe(n) können sich beispielsweise (einzeln oder in Kombination – je nach Veranstaltungsart und Zielen) zusammensetzen aus:

14. Zusammensetzung Ihrer Zielgruppen

Mögliche Teilnehmergruppen	
Unternehmenszugehörige, beispielsweise:	• aktuell für das Unternehmen tätige Mitarbeiter • ehemalige Mitarbeiter und/oder Pensionäre • Studenten, Aushilfen, Praktikanten, Mitarbeiter mit Zeitverträgen • mit Begleitperson(en), Partner, Kindern?
Unternehmenspartnern, beispielsweise:	• Vertriebspartner • verbundene Unternehmen • Händler
Kundengruppen, beispielsweise:	• Neukunden • Bestandskunden • Privatkunden • Geschäftskunden • Top-/Großkunden Tipp: Achten Sie darauf, den Teilnehmerwert für Ihr Unternehmen und den Wert Ihrer Veranstaltung in eine vernünftige Relation zu bringen. So werden Sie beispielsweise Ihre Topkunden mit einer besonders hochwertigen Veranstaltung wertschätzen wollen, bei potenziellen Kunden oder Kunden mit geringen Umsätzen kann auch das Veranstaltungsbudget geringer sein.
VIPs, beispielsweise:	• Unternehmens-VIPs wie Vorstand und Aufsichtsrat • Branchen-VIPs • Politiker • Lokalprominenz • Multiplikatoren Tipp: Legen Sie genau fest, wen Sie sich als very important fühlen lassen möchten – und tragen Sie Sorge dafür, dass sich die restlichen Teilnehmer nicht als VUP, also als very unimportant person behandelt fühlen!
Medienvertreter, beispielsweise:	• TV • Print • Radio • Internet Regionale, überregionale oder branchenbezogene Fachzeitschriften?

Halten Sie im ersten Schritt jede Ihrer Teilnehmergruppen detailliert und schriftlich fest. Diese Betrachtung allein sagt Ihnen aber noch relativ wenig über die tatsächlichen Bedürfnisse und Erwartungen Ihrer Teilnehmer(gruppen). Diese gilt es dann im zweiten Schritt zu ermitteln, denn sie sind zwingend erforderlich für eine sorgfältige und vorausschauende Veranstaltungsplanung und für Ihren Veranstaltungserfolg.

Beachten Sie als Basis in jedem Falle die für alle Menschen geltenden Bedürfnisse nach Maslow, wie
- physiologische Bedürfnisse,
- Sicherheitsbedürfnisse,
- das Bedürfnis nach Zugehörigkeit und Gemeinschaft
- und das bei manchen Teilnehmergruppen stark ausgeprägte Bedürfnis nach Status und sozialer Geltung!

Stellen Sie dann die Ansprüche und Besonderheiten Ihrer Teilnehmer zusammen und legen Sie ein Teilnehmer- oder Zielgruppenprofil pro Teilnehmergruppe an. Hinterfragen Sie hierzu jede Teilnehmergruppe hinsichtlich
- Alter,
- Geschlecht,
- Beruf (Funktion),
- einheitliche Interessen,
- Herkunftsort oder Region,
- Nationalität und
- Religion und Kulturzugehörigkeit.

Je mehr dieser Informationen Sie sammeln können, desto einfacher können Sie Ihrer Aufgabe als Veranstaltungsplaner gerecht werden!

Hier einige Beispiele:
Alter: Impulse für Musikgeschmack, Bewegungsdrang und die passende Veranstaltungstageszeit
Geschlecht: Vorlieben bei Essen, Getränken, Unterhaltungsprogramm
Beruf/Funktion: Vorkenntnisse, Interessen, gegebenenfalls auch Mehrwert/Nutzen für die Teilnehmer,
Herkunftsort/Region: An-/Abreise, Veranstaltungsdauer, Rahmenprogramm
Nationalität: Ansprache der Gäste, Beschilderung, Dolmetscherbedarf

Religion und Kulturzugehörigkeit sind besonders entscheidend, damit sich Ihre Gäste respektiert und wertgeschätzt fühlen und Speisen, Getränke und Programm genießen können. Schweinekrustenbraten für muslimische Gäste? Weißer Blumenschmuck bei chinesischen Teilnehmern? Machen Sie sich vorab über die Dos und Don'ts Ihrer internationalen Teilnehmer schlau, um Peinlichkeiten zu vermeiden.

Tipp

Eine besondere Herausforderung an den Eventmanager liegt darin, Veranstaltungskonzepte zu entwickeln, welche die Teilnehmer erfreuen – nicht unbedingt auch ihn selbst. Dazu muss der Eventmanager häufig seinen persönlichen Geschmack hintanstellen – denn der Köder muss dem Fisch schmecken und nicht dem Angler!

Lassen Sie sich nicht durch Ausnahmen aus der Ruhe bringen! Konzentrieren Sie sich auf statistische Mehrheiten wie zum Beispiel das Durchschnittsalter. Aber Achtung: Ihre Teilnehmer sollen sich alle bei Ihnen wohl und gut aufgehoben fühlen!

Tipp

Während also beispielsweise bei Location-Fragen das Durchschnittsalter wichtig ist, sollten bei der Auswahl und Kennzeichnung von Speisen und Getränken Nationalität, Religion und Kulturzugehörigkeit auch kleinerer Besuchergruppen besonders bedacht werden!

An Ihre Zielgruppenanalyse schließen sich nun bereits erste Fragen bezüglich Ihrer Veranstaltungssicherheit an, wie zum Beispiel:

- Welche Probleme mit den Zielgruppen sind wahrscheinlich und möglich – und wie werden Sie diesen entweder vorbeugen, sie mit einem Plan B berücksichtigen oder Risiken durch Versicherungen abdecken?
- Erwarten Sie Gäste mit körperlichen Einschränkungen?
- Werden Kinder oder Kleinkinder erwartet?
- Erwarten Sie Raucher?
- Sind besondere Sicherheitsvorschriften zu beachten?
- Was passiert im Veranstaltungszeitraum am Veranstaltungsort und in der Region?

Besondere Teilnehmer oder Zielgruppen werden bei Ihnen zu besonderen Überlegungen hinsichtlich Planung, Organisation und Ablauf führen. Hier einige Beispiele:

15. Arbeitshilfe: Besondere Teilnehmergruppen

1. Medienvertreter	Maßnahmen	Details	zu klären
Wer ist der zuständige Ansprechpartner innerhalb Ihres Unternehmens?			
Betreuung während der Veranstaltung			
Pressekonferenz, Pressegespräch			
Besonderes Programm			
Pressemappen, Pressefotos			
Gastgeschenke			
Kosten Presseveranstaltung			

2. VIPs und Ehrengäste (jede Person separat klären)	Maßnahmen	Details	zu klären
Welchen Nutzen stellt dieser VIP für Ihr Unternehmen dar?			
Alternativen, möglicher Ersatz			
Zuständiger Ansprechpartner innerhalb Ihres Unternehmens			
Betreuung während der Veranstaltung (Besonderheiten/Sprache)			
Besondere Wünsche bezüglich Unterbringung, Catering, Service etc.			
Fahrer und sonstiges Personal			
Personenschutz und Sicherheit			
Begleitpersonen			
Kosten (Gage plus Nebenkosten wie Reisekosten, Unterbringung, Extras, Personal)			

3. Prominente, Meinungsbildner	Maßnahmen	Details	zu klären
Welchen Nutzen stellt diese Person für Ihr Unternehmen dar?			
Alternative, möglicher Ersatz			
Zuständiger Ansprechpartner innerhalb Ihres Unternehmens			
Betreuung während der Veranstaltung (Besonderheiten, Sprache) durch:			
Fahrer und sonstiges Personal			
Personenschutz und Sicherheit			
Besondere Wünsche bezüglich Unterbringung, Catering, Service etc.			
Kosten (Gage plus Nebenkosten wie Reisekosten, Unterbringung, Extras, Personal)			

2.4 Veranstaltungsbudget

Bei der Klärung Ihrer Briefing-Fragen (siehe Kapitel 1.2.1) haben Sie bereits ermittelt, ob Ihnen für Ihre Veranstaltung ein festes Budget zur Verfügung steht, das Ihnen einen gewissen Planungsrahmen vorgibt, oder ob Sie die Kosten der Veranstaltung ermitteln und sich genehmigen lassen müssen.

Die Gesamtkosten werden von zahlreichen Faktoren bestimmt, die je nach Veranstaltung ganz unterschiedlich gewichtet sein können – generell fallen an:

- Selbstkosten (Kosten, die bei Ihnen entstehen, zum Beispiel durch Personal, Material),
- Gemeinkosten und
- Fremdleistungskosten (für gebuchte Leistungen, Honorare und Material).

Die zu erwartenden Kosten einer Veranstaltung zu planen, setzt ein hohes Maß an Sorgfalt, Fachkenntnis und auch Erfahrung voraus, da der zu erwartende Zeitaufwand und die daraus entstehenden Kosten oftmals geschätzt werden müssen. Verlässliche Kennzahlen sind mühsam zu ermitteln, da die

Preise von beispielsweise Hotels, Catering, Technik und Künstlern je nach Anspruch, Qualität und Region stark differieren können. Zusätzlich variieren Preise durch Messen und anderen Großveranstaltungen am Veranstaltungsort.

Um bei Ihrer Budgetplanung keine Kosten zu vergessen, können Sie die folgende Arbeitshilfe zur Ermittlung Ihrer möglichen Veranstaltungskosten nutzen. Und zwar gleich dreifach:

- Zum einen kann sie Ihnen als Grundlage zur Erstellung Ihres Grobbudgets dienen,
- zum anderen zur Prüfung, ob Ihr derzeitiges Veranstaltungsbudget realistisch ist.
- Zusätzlich stellt sie eine nützliche Planungshilfe dar, um bereits zu Beginn Ihrer Planung an wichtige Aufgaben erinnert zu werden (Fällt die jeweilige Aufgabe bei Ihrer Veranstaltung überhaupt an? Wenn ja: Wer macht das und wann?).

Tipp

Schlüsseln Sie Ihre Veranstaltungskosten detailliert auf, um eine möglichst zuverlässige Schätzung Ihrer Kosten zu erreichen! Damit auch die vielen kleinen und Kleinstpositionen sowie Unvorhergesehenes abgedeckt sind, ist bei der Budgetplanung ein gewisser Pufferbetrag ratsam – ich empfehle Ihnen einen Reserve-Betrag in Höhe von etwa 3 bis 5 Prozent des Budgets.

Lassen Sie sich Angebote in Form von RfP (Request for Proposal) erstellen, damit diese speziell auf Ihre Veranstaltung zugeschnitten sind und einfacher verglichen werden können.

16. Arbeitshilfe zur Ermittlung der Veranstaltungskosten

Position	Leistung	Kosten (Plan) zzgl. MwSt.
A	**Veranstaltungsvorbereitung**	
1.	**Organisationsaufwand**	
1.1	Bei Zusammenarbeit mit einer Agentur: In der Regel unterschiedliche Sätze je nach Mitarbeiterqualifikation, z. B. für:	
1.1.1	Konzeption (pro Tag/pro Stunde)	
1.1.2	Kreativkonzept (pro Tag/pro Stunde)	
1.1.3	Beratungsleistungen (pro Tag/pro Stunde)	
1.1.4	Recherche (pro Tag/pro Stunde)	
1.1.5	Location-Check (pro Tag/pro Stunde)	
1.1.6	Sekretariatsdienste (pro Tag/pro Stunde)	
1.1.7	Reisekosten	
1.1.8	Telefon, Porto, Kopien etc.	
...	...	
1.2	Bei Eigenleistung: Gegebenenfalls Mitarbeiter aus unterschiedlichen Unternehmensbereichen Tipp: Auch falls Sie hier die Kosten nicht erfassen sollten, so halten Sie doch zumindest die geleisteten Stunden fest, um realistische Vergleichswerte für Ihre künftigen Veranstaltungsprojekte zu erhalten! Betroffene Unternehmensbereiche können sein:	
1.2.1	Einkauf	
1.2.2	Marketing	
1.2.3	PR-Abteilung	
1.2.4	Buchhaltung	
1.2.5	Projektleitung	
1.2.6	Sekretariatsdienste	
1.2.7	Reisekosten/-zeit	
1.2.8	Telefon, Porto, Kopien etc.	
...	...	
	Summe Organisationsaufwand	
2.	**Werbung, Einladung, Eintrittskarten etc.**	
2.1	Texter (pro Stunde)	
2.2	Grafiker (pro Stunde)	
2.3	Bildverwendungsrechte, Lizenzen	
2.4	Logo, Motto	

2.5	Layout, Satz und Druck	
2.6	Sendezeit, Anzeigekosten	
2.7	Verbreitung	
2.8	Konfektionierung	
2.9	Porto	
...	...	
	Summe Werbung und Einladung	
3.	**Tagungsunterlagen: zum Beispiel Programm, Handouts, Pressemappen, Blöcke, Stifte, Namensschildchen ...**	
3.1	Texter (pro Stunde)	
3.2	Grafiker (pro Stunde)	
3.3	Bildverwendungsrechte, Lizenzen	
3.4	Übersetzung	
3.5	Material	
3.6	Erstellung	
3.7	Verbreitung	
3.8	Porto	
...	...	
	Summe Tagungsunterlagen	
4.	**Teilnehmerregistrierung**	
4.1	EDV-Programm zur Teilnehmerregistrierung	
4.2	Personal zur Teilnehmerregistrierung (Stundensatz)	
4.3	Nachfassaktionen (Stundensatz)	
4.4	Telefon, Porto, Kopien etc.	
...	...	
	Summe Teilnehmerregistrierung	
B	**Veranstaltungsablauf**	
5.1	Personalkosten: Eigenpersonal	
5.1.1	Arbeitsstunden mit Lohnnebenkosten Tipp: Auch falls Sie hier die Kosten nicht erfassen sollten, so halten Sie doch zumindest die geleisteten Stunden fest, um realistische Vergleichswerte für Ihre künftigen Veranstaltungsprojekte zu erhalten!	
5.1.2	Überstunden	
5.1.3	Gegebenenfalls Reisekosten, Übernachtung	
...	...	
	Summe Eigenpersonal	

5.2	**Zeitpersonal, zum Beispiel für Technik**	
5.2.1	Technisches Personal Veranstaltungslocation	
5.2.2	Bildtechniker	
5.2.3	Tontechniker	
5.2.4	Beleuchtungstechnik	
5.2.5	Sonstige technische Leistungen	
5.2.6	Hallenpersonal	
5.2.7	Regisseur, eventuell Regieassistent	
...	...	
	Summe Zeitpersonal Technik	
5.3	**Zeitpersonal, zum Beispiel für Gästebetreuung**	
5.3.1	Projektleitung, Teamleitung vor Ort	
5.3.2	Hostessen, Hospitality-Desk	
5.3.3	Zugangskontrolle, Einlasspersonal, Ordner	
5.3.4	Security, Sicherheitsdienst, Personenschutz	
5.3.5	Sanitäter	
5.3.6	Dolmetscher/Simultanübersetzung	
5.3.7	Garderobenpersonal	
5.3.8	Beschwerdemanagement	
5.3.9	Reinigungspersonal/WC-Reinigung	
5.3.10	Parkplatzeinweiser, Parkplatzwächter	
...	...	
	Summe Zeit-/Fremdpersonal	
6.1	**Veranstaltungsraum, Location**	
6.1.1	Raummiete(n), gegebenenfalls für Plenum, Workshop etc.	
6.1.2	Nebenräume für Veranstaltung, Nutzung Foyer etc.	
6.1.3	Raum Backoffice, Tagungssekretariat etc.	
6.1.4	Ausstellungsflächen, Sponsoren	
6.1.5	Ausstellungsmaterial wie Stellwände etc.	
6.1.6	Raumausstattung, Mietmöbel, Technik etc.	
6.1.7	Fliegende Bauten, Bühnen, Rednerpult etc.	
6.1.8	Umbaumaßnahmen, gegebenenfalls auch Personal	
6.1.9	Auf-/Abbautage	
6.1.10	Lagerflächen	

6.1.11	Parkgebühren, Parkausweise	
…	…	
	Summe Location	
6.2	**Catering**	
6.2.1	Bei Tagungspauschale: Was und wie viel genau ist inkludiert? Wofür fallen Extrakosten an?	
6.2.2	Bei Einzelabrechnung: Personal, Equipment	
6.2.3 6.2.3.1 6.2.3.2 6.2.3.3 6.2.3.4 6.2.3.5 6.2.3.6 6.2.3.7 6.2.3.8 6.2.3.9	Speisen und Getränke für Teilnehmer • Bei Ankunft • Frühstück • Mittagessen • Abendessen • Pauschale: Was und welche Mengen sind inkludiert? • Kaffeepause – Kaffeespezialitäten? • Getränke? Auswahl? (von Aperitif bis Digestiv) • Bar? • Minibar?	
6.2.4	Catering Künstler: Speisen, Getränke, Extras …	
6.2.5	Catering Crew, gegebenenfalls Fahrer, Sicherheit etc.: Speisen, Getränke …	
6.2.6	Tischausstattung und Dekoration	
6.2.7	Geschirr, Besteck, Gläser (inklusive Bruch)	
6.2.8	Transport, Auf-/Abbau, Handling	
…	…	
	Summe Catering	
6.3	**Gästetransport**	
6.3.1	Fahrer	
6.3.2	Shuttleservice	
6.3.3	Busse	
6.3.4	Parkplatzmiete	
6.3.5	Parkkosten	
6.3.6	Parkplatzanweiser	
6.3.7	Beschilderung/Leitsystem	
6.3.8	Lichtanlage, Lautsprecheranlage	
…	…	
	Summe Gästetransport	

6.4	**Nebenkosten**	
6.4.1.1	Stromanschlüsse	
6.4.1.2	Stromverbrauch	
6.4.2.1	Wasseranschlüsse	
6.4.2.2	Wasserverbrauch	
6.4.2.3	Abwasser	
6.4.3.1	Rettungsfahrzeuge	
6.4.3.2	Brandwache	
6.4.3.3	Wachpersonal, gegebenenfalls auch nachts	
6.4.4.1	Abfall-/Müllentsorgung	
6.4.4.2	Endreinigung	
6.4.5.1	Telefonanlagen, (Mobil-)Telefone	
6.4.5.2	Headsets, Funkgeräte etc.	
6.4.5.3	Telefax	
6.4.5.4	Computer	
6.4.5.5	WLAN	
6.4.5.6	Kopierer/Kopien	
6.4.5.7	Drucker/Drucksachen	
6.4.6.1	Dekoration Location	
6.4.6.2	Blumenschmuck	
6.4.6.3	Kostüme Veranstaltungspersonal	
6.4.6.4	Beschilderung, Beflaggung	
6.4.7.1	Mietequipment/-möbel	
6.4.7.2	Absperrungen	
6.4.8.1	Gastgeschenke, Give-aways	
6.4.9.1	Transporte Material, Technik etc. – gegebenenfalls auch Zoll	
6.4.10 6.4.10.1 6.4.10.2 6.4.10.3 6.4.10.4 ...	Rahmenprogramme, Begleitveranstaltungen • Location • Transport und Logistik • Betreuung • Garderobe, Versicherung Garderobe • ...	

6.4.11 6.4.11.1 6.4.11.2 6.4.11.3 6.4.11.4 6.4.11.5 ...	Presseveranstaltung/-konferenz • Raummiete • Speisen und Getränke • Unterlagen • Pressegeschenk • gegebenenfalls Pressemitteilung ...	
	Summe Nebenkosten	
6.5	**Hotelkosten**	
6.5.1	Übernachtung Gäste (inklusive Frühstück?)	
6.5.2	Übernachtung Projektleitung (inklusive Frühstück?)	
6.5.3	Übernachtung Crew, Hostessen (inklusive Frühstück?)	
6.5.4	Organisationsoffice	
6.5.5	Nebenkosten im Hotel	
6.5.6	Parkkosten	
...	...	
	Summe Hotelkosten	
6.6	**Künstler, Referenten, Moderatoren**	
6.6.1	Honorare	
6.6.2	Nebenkosten, Extras, Spesen	
6.6.3	Anreise, Fahrer	
6.6.4	Übernachtung	
6.6.5	Präsente	
6.6.6	Betreuung	
6.6.7	Security	
...	...	
	Summe Künstler, Referenten, Moderatoren	
6.7	**Dokumentation**	
6.7.1	Aufzeichnung Ton, inklusive Nachbearbeitung	
6.7.2	Aufzeichnung Bild, inklusive Nachbearbeitung	
6.7.3	Fotograf, Veranstaltungsdokumentation	
6.7.4	Mitschriften	
6.7.5	Rechte	
...	...	
	Summe Dokumentation	

6.8	**Versicherungen**	
6.8.1	Veranstalterhaftpflicht	
6.8.2	Veranstaltungsausfall	
6.8.3	Elektronikversicherung	
6.8.4	Diebstahl (gegebenenfalls auch Garderobe)	
6.8.5	Kurzfristige Unfallversicherung	
6.8.6	Kurzfristige Krankenversicherung	
…	…	
	Summe Versicherungen	
6.9	**Gebühren, Beiträge, Abgaben etc.**	
6.9.1	GEMA	
6.9.2	KSK (Künstlersozialkasse)	
6.9.3	Steuern	
6.9.4	Lizenzen	
6.9.5	Verwertungsrechte	
6.9.6	Genehmigungen	
…	…	
	Summe Gebühren, Beiträge etc.	
C	**Veranstaltungsnachbereitung**	
7.1	Dankesschreiben	
7.2	Rückbauten	
7.3	Abtransport	
7.4	Endreinigung	
7.5	Auswertung/Erfolgsmessung	
7.6	Reminder, Gastgeschenke zur Erinnerung	
…	…	
	Summe Veranstaltungsnachbereitung	
	Summe Grobbudget gesamt	

Tipp

Gehen Sie zu Beginn jeder neuen Veranstaltungs- und Kostenplanung die Gesamtaufstellung kurz durch und legen Sie fest, welche Kostenarten und Leistungen für Ihre Veranstaltung überhaupt relevant und zutreffend sind. Löschen Sie alle Punkte, die Ihre jeweilige Veranstaltung nicht betreffen – so wird diese recht umfangreiche Liste schnell handlich und speziell auf Ihre individuelle Veranstaltung zugeschnitten.

2.4.1 Kontinuierliche Kostenverfolgung

Natürlich ist es nicht ausreichend, dem Grobbudget irgendwann nach erledigter Veranstaltung die Ist-Kosten gegenüberzustellen. Eine kontinuierliche Kostenverfolgung ist notwendig, um jederzeit erkennen zu können, ob Sie sich noch im Plan befinden. Ein Veranstaltungsbudget muss ständig gepflegt und auf dem aktuellen Stand gehalten werden. Änderungen werden mit dem Budgetverantwortlichen besprochen (und von diesem freigegeben), damit rechtzeitig noch die Gelegenheit besteht, Gegenmaßnahmen zu ergreifen. Fügen Sie daher in Ihre Arbeitshilfe zur Kostenerfassung noch einige Spalten wie Kosten (Plan), Kosten (Angebot), Eventuelle Abweichungen, Kosten (Ist) und Eventuelle Abweichungen/Bemerkung hinzu (siehe unten). Jegliche Änderungen der erteilten Aufträge müssen hierzu jedoch sorgfältig in die Budgetierungs-Checkliste eingepflegt werden!

Tipp

Gerade bei Projekten mit längerer Planungs- und Durchführungsphase ist es besonders wichtig, auch die Gründe für Abweichungen festzuhalten – eventuell mit einer Notiz ›freigegeben durch X‹ oder ›beauftragt von X‹. Sonst lässt sich im Nachhinein nur noch mühsam feststellen, weshalb nun genau welche Änderung oder Zusatzposition gegenüber dem Plan zustande kam.

17. Arbeitshilfe zur kontinuierlichen Kostenverfolgung

Position	**Leistung**	**Kosten (Plan) Stand** (Datum eintragen)	**Kosten (Angebot) Stand** (Datum eintragen)	**Eventuelle Abweichung zwischen Kosten (Plan) und Angebot bzw. Auftrag**	**Kosten (Ist) Stand** (Datum eintragen)	**Eventuelle Abweichung zwischen Betrag Auftrag und Rechnung**
		Betrag bei Budget-festlegung	Betrag bei Auftrags-vergabe	Abweichungs-betrag mit Grund und Veranlasser	Rechnungs-betrag	Abweichungs-betrag mit Grund und Veranlasser
1	...					
1.1	...					
2	...					
2.1	...					
3	...					
	Gesamtsumme	0,00	0,00	0,00	0,00	0,00
	Anzahl Teilnehmer	1	1	1	1	1
	Kosten pro Person	0,00	0,00	0,00	0,00	0,00

Nach Abschluss Ihrer Veranstaltung können Sie die tatsächlich entstandenen Kosten den Kosten Ihrer Planung gegenüberstellen und eventuelle Abweichungen analysieren. Eine solche Kontrolle liefert wichtige Hinweise für kommende Schätzungen und Budgetplanungen!

2.4.2 Einsparungsmöglichkeiten

Was tun, wenn Sie nach der Gegenüberstellung des zur Verfügung stehenden Budgets und der im Grobbudget ermittelten zu erwartenden Veranstaltungskosten feststellen müssen, dass Ihre Veranstaltung so wie bisher geplant gar nicht durchführbar ist?

Durch Änderung bestimmter Rahmenbedingungen können Sie Angleichungen zwischen Budget und Kosten vornehmen – aber bedenken Sie: Änderungen durchzusetzen erfordert häufig Mut und Hartnäckigkeit!

Einsparungsmöglichkeiten

Abendprogramm, Rahmen- und Begleitprogramme

Aufwendige, luxuriöse Abendprogramme bei Veranstaltungen belasten Budgets überproportional: Location und Dekoration, exklusive Speisen und Getränke (vor allem alkoholische Getränke), hochklassiges musikalisches Unterhaltungsprogramm ... wirklich schön, wenn es das Budget zulässt. Bevor aber die Abendveranstaltung durch Einsparungspläne Gefahr läuft, den Eindruck »Die müssen wohl sparen« zu verbreiten, prüfen Sie, ob und was gegebenenfalls gekürzt oder worauf gar verzichtet werden kann. Gleiches gilt auch für Rahmen- und Begleitprogramme.

Veranstaltungsdauer

Möglichkeiten zur Kürzung der Veranstaltungsdauer sollten ebenfalls unbedingt geprüft werden! Wenn Sie beispielsweise hochklassigen Informationsstoff für eine halbtägige Veranstaltung haben, gibt es nicht zwingend einen Grund, diese – nur weil es immer so war – auf einen ganzen Tag auszudehnen. Prüfen Sie, wo die Veranstaltung gegebenenfalls Längen hat und auch, ob Ihre Teilnehmer nicht vielleicht sogar erfreut über eine kürzere, knackigere Veranstaltung wären.

National oder international

Internationale Veranstaltungsorte, internationale VIPs und Referenten geben einer Veranstaltung natürlich ein gewisses Flair. Sie belasten aber auch das Budget maßgeblich, sei es durch Reisekosten, Dolmetscher oder Übersetzung der Tagungsunterlagen. Prüfen Sie, ob Sie Ihr Konzept in diesem Punkt ändern können und welche Einsparungen/Änderungsmöglichkeiten sich dadurch erzielen lassen.

18. Weitere kostenrelevante Faktoren

Kostenfaktor	Zur Erläuterung einige Gegenpole	Zu klären
Veranstaltungsart	Gala oder Feier?	
Veranstaltungsimage	›Das Event des Jahres‹ oder Sommerfest?	
Veranstaltungsstätte	In-Location oder Mehrzweckhalle?	
Teilnehmerzahl	Big Event oder Seminar-Gruppengröße?	
Veranstaltungsort	Großstadt oder Umland?	
Programm	VIP-lastig? Moderation?	
Technik	Was möglich ist oder was nötig ist?	
Unterhaltung, Künstler, Acts	Prominent oder (noch) unbekannt?	
Speisen und Getränke	Luxus-Catering oder ehrlich-deftig?	
Rahmen- und Begleitprogramme	Mit Event-Charakter oder von der Stange?	

Prüfen Sie, ob Sie Änderungen vornehmen oder Abstriche machen können – und zwar möglichst ohne dass dies die Qualität und Attraktivität Ihrer Veranstaltung schmälert!

In Ernstfall ist es ratsam, eine Veranstaltung eher zu verschieben, in einer anderen Form durchzuführen oder sich mit Refinanzierungsmöglichkeiten (siehe Kapitel 2.4.4) zu beschäftigen, als diese in einer unglücklich abgespeckten Version durchzuführen und damit die falschen Signale zu senden!

2.4.3 Mögliche Einnahmen bei Veranstaltungen

Veranstaltungen und Events verursachen nicht nur Kosten – bei einer Vielzahl von Veranstaltungen können und sollen auch Einnahmen generiert werden, beispielsweise durch Sponsoring, Merchandising oder den Verkauf von Eintrittskarten. Zahlreiche Veranstaltungen werden sogar ganz konkret geplant, um damit einen Gewinn zu realisieren (zum Beispiel Musikkonzerte).

Einnahmen durch Teilnahmegebühren:
Die Möglichkeiten hierfür sind vielfältig und reichen von der pauschalen Teilnahmegebühr für die komplette Veranstaltung über einzelne Tageskarten (beispielsweise bei mehrtägigen Kongressen) bis hin zu Tickets für Einzelveranstaltungen oder Veranstaltungsbausteine.

Als weitere Möglichkeit bietet es sich an, für Kongresse oder Veranstaltungen mit besonderem Abendprogramm Tickets für Partner und Begleitpersonen anzubieten.

Neuerdings werden auch immer häufiger besonders aufwendige Begleitveranstaltungen oder Rahmenprogramme mit einem gewissen Selbstkostenbetrag oder Eigenbeteiligung belegt. Ein häufiges Problem bei der Planung kostenfreier Begleitveranstaltungen ist die hohe Zusagequote (es kostet ja nichts) und dann die überproportional hohe No-show-Rate – eben nach dem Motto: Was nichts kostet, ist auch nichts wert ... Bereits ein geringer Betrag übt eine erstaunliche Wirkung auf die Disziplin und Wertschätzung der Teilnehmer aus. Wichtig hierbei ist jedoch, dass es sich tatsächlich um ein besonderes Programm handelt, das den Besuchern einen Mehrwert bietet. Auch ein kleines beziehungsweise dem Betrag angemessenes Geschenk für die Teilnehmer erhöht die Wertigkeit und vermittelt das Gefühl von Angemessenheit.

Einnahmen aus Verkauf:
Als klassisches Beispiel sind hier Merchandising-Artikel zu nennen, verkauft werden aber auch Anzeigen, Unterlagen oder Publikationen, Bücher oder Kataloge. Es kommt beim Verkauf von Artikeln bei Veranstaltungen sehr darauf an, um welche Veranstaltung und welche Zielgruppe es sich handelt, damit die wohlgemeinte Möglichkeit eines besonderen Angebotes den Teilnehmer nicht eher abschreckt und an eine Kaffeefahrt erinnert.

Angemessen könnte bei einer Veranstaltung mit musikalischem Programm beispielsweise der Verkauf von CDs oder bei einem Seminar ein dezenter Hinweis auf die Möglichkeit, die Bücher des Referenten zu erwerben, sein. Versuchen Sie aber auch hier, den Teilnehmern einen gewissen Mehrwert zu bieten – sei es durch Sonderpreise bei Kauf während der Veranstaltung oder durch die Möglichkeit, den gekauften Artikel vom Künstler signieren zu lassen.

Einnahmen aus Vermietung:
Ganz typisch, vor allem bei Messen, ist die Vermietung von Werbe- oder Ausstellungsflächen. Neuerdings wird auch immer häufiger Fläche zum Auslegen von Unterlagen angeboten. Gerade für kleine Unternehmen, die sich keinen professionellen Messeauftritt leisten können oder wollen, kann es eine interessante Möglichkeit sein, vom Namen und Image der Veranstaltung zu profitieren und über die Firmenunterlagen präsent zu sein.

Tipp

Legen Sie bitte bei dem verständlichen Wunsch, Einnahmen zu erzielen, besonderes Augenmerk auf das Empfinden Ihrer Teilnehmer! Kosten, die Ihre Teilnehmer entrichten müssen, sollten für diese in der Sache nachvollziehbar sein, weil den Ausgaben ein attraktiver Wert/Nutzen gegenübersteht. Beim Einsatz von Sponsoren und anderen Werbepartnern sollte die Veranstaltung dadurch eine gefühlte Wertsteigerung für den Teilnehmer erfahren, keine Wertminderung. Auf keinen Fall sollte sie zum Spießrutenlauf werden, weil der Teilnehmer von den Sponsoren (zu) aktiv umworben wird.

Prüfen Sie anhand der auf der nächsten Seite folgenden Aufstellung, ob einige der Einnahmearten für Ihre Veranstaltung geeignet sein könnten und, wenn ja, welche das sind.

19. Arbeitshilfe: Mögliche Einnahmearten

Position	Mögliche Einnahmen aus	Geschätzter Wert (zzgl. MwSt.)
1.	**Teilnahmegebühren**	
1.1	Veranstaltungsgebühren pauschal	
1.2	Tageskarten	
1.3	Tickets für Einzelveranstaltungen/Vorträge	
1.4	Eintrittsgebühr für Begleitpersonen	
1.5	Kostenpflicht für Rahmenprogramme	
1.6	Kostenpflicht für Begleitveranstaltungen	
	Summe Einnahmen aus Teilnahmegebühren	
2.	**Verkauf von**	
2.1	Unterlagen, Publikationen	
2.2	Büchern	
2.3	Katalogen	
	Summe Einnahmen aus Verkauf	
3.	**Vermietung von**	
3.1	Anzeige-, Ausstellungs-/Werbeflächen	
3.2	Messeständen	
3.3	Raum zum Auslegen von Unterlagen	
	Summe Einnahmen aus Vermietung	
4.	**Sponsoring**	
4.1	Geldsponsoring	
4.2	Sachsponsoring	
4.3	Dienstleistungssponsoring	
	Summe sonstige Einnahmen	
5.	**Weitere Einnahmemöglichkeiten**	
5.1	Merchandising	
5.2	Beteiligungen	
5.3	Öffentliche Fördergelder, Zuschüsse	
	Summe sonstige Einnahmen	
	Summe mögliche Einnahmen gesamt	

Tipp

Wenn bei einer Veranstaltung Einnahmen erzielt werden sollen, werden Sie diese vielleicht gleich mit in die Budgetkalkulation einbeziehen wollen. Sollten Sie noch nicht über verlässliche Erfahrungswerte verfügen, mit welcher Höhe an Einnahmen Sie rechnen können, empfehle ich eine vorsichtige Schätzung beziehungsweise eine Budgetkalkulation, die sich nicht auf diese geschätzten Einnahmen stützt!

2.4.4 Sponsoring

Sponsoring ist ein attraktives Finanzierungsinstrument, das gerne und häufig genutzt wird und vor allem aus dem Bereich der Kultur- und Sportveranstaltungen kaum mehr wegzudenken ist!

Beim Veranstaltungssponsoring handelt es sich aus Sicht des Sponsoringnehmers (also des Empfängers) um eine Möglichkeit der Geld- oder Sachmittelbeschaffung nach dem Prinzip ›Geld gegen Öffentlichkeit‹. Veranstaltungssponsoring stellt somit einen Leistungstausch dar. Der Sponsoringgeber fördert dabei eine Veranstaltung (ein Projekt, eine Institution) mit Geld, Sachmitteln oder Dienstleistungen. Als Gegenleistung wird er vom Sponsoringnehmer in festgelegter Weise bei seiner Marktkommunikation unterstützt. Kurz: Sponsoring ist Förderung gegen Öffentlichkeit!

Abgrenzung des Begriffs ›Sponsoring‹

Werbung: Planmäßige Beeinflussung einer Personengruppe mit dem Ziel, zu einem bestimmten Verhalten anzuregen.

Spende: Einmalig, guter Zweck, steuerlich absetzbar. Achtung: Eine Spende muss ohne Gegenleistung erfolgen!

Sponsoring: Förderung gegen Öffentlichkeit, meist ausgelegt auf Langfristigkeit (dies ist wichtig, da beim Sponsoring eine Art Imagetransfer zwischen Sponsoringgeber und -nehmer) erfolgt. Leistung und Gegenleistung müssen detailliert vertraglich festgehalten werden.

Neben dem **klassischen Geldsponsoring** (Vereinbarung einer Leistung gegen Zahlung einer bestimmten Summe) kann auch eine Summe zweckgebunden bereitgestellt werden – dies kann für den Sponsoringgeber unter Berücksichtigung steuerlicher Aspekte günstiger sein und sollte in jedem Falle geprüft werden!

Zweckgebundenes Geldsponsoring kann beispielsweise für die Buchung von Referenten, Bands und Persönlichkeiten des öffentlichen Interesses bestimmt sein. In solchen Fällen ist es sinnvoll darauf zu achten, dass sich das Sponsoring nicht nur auf das Honorar bezieht, sondern auch Nebenkosten wie Anreise, Übernachtung und Sonderwünsche einschließt. Interessant für Sponsoringgeber kann außerdem die Übernahme bestimmter Produkte sein (Champagner mit freundlicher Unterstützung von ...).

Bei **Sachsponsoring** handelt es sich häufig um den Einsatz von Produkten des Sponsoringgebers, beispielsweise um die Bereitstellung von Getränken oder Fahrzeugen.

Ein **Sponsoring von Dienstleistungen** wie zum Beispiel die Erstellung einer Internetseite extra für diese Veranstaltung oder die Erstellung der Einladungen – eventuell auch mit Druck und Versand – kann ebenfalls von großem Wert für Sie als Veranstaltungsorganisator sein. Je nach Art des Unternehmens Ihres Sponsoringgebers kann es sich übrigens auch um personelle Unterstützung zur Vorbereitung und Durchführung der Veranstaltung handeln.

Es gibt also viele Arten, wie Sie potenzielle Sponsoringgeber in Ihre Marketingveranstaltung oder -aktion einbinden können. Da die richtige und durchdachte Ansprache der Unternehmen häufig der entscheidende Faktor für den Erfolg ist, ist es essenziell, dass Sie sich – bevor Sie in Kontakt mit möglichen Sponsoringgebern treten – darüber Gedanken machen, was Sie für Ihre Veranstaltung wirklich benötigen beziehungsweise was Ihre Veranstaltung bereichern könnte. Leider entstehen durch mangelnde Vorbereitung in der Praxis die meisten Fehler bei der Sponsorensuche. Einen einmal verprellten Sponsor wieder zu aktivieren, ist kaum mehr möglich. Erarbeiten Sie deshalb, noch bevor Sie potenzielle Sponsoren ansprechen:

20. Arbeitshilfe: Sponsoringkonzept erstellen

Arbeitsschritte	Klären/hinterfragen Sie
1. Klare Zielgruppen-Beschreibung	Wie setzen sich Ihre Teilnehmer hinsichtlich Alter, Herkunft (Stadt, Land), Familienstand, Beruf, Stellung im Unternehmen, gesellschaftlicher Status, ... zusammen? Inwiefern ist diese Zielgruppe für potenzielle Sponsoren interessant? (Meinungsbildner, Kunden, Anwender?)
2. Gewünschte Sponsoring-Leistung	Erstellen Sie eine Liste der Dinge, die angeschafft werden müssen, geben Sie die ungefähren dafür benötigten Geldmittel an und überlegen Sie sich, welche Unternehmen Sie hierfür direkt als Sach- oder Geldsponsoren ansprechen können. Legen Sie dann genau fest, was und wie viel Sie von Ihren Sponsoren als Beteiligung an Ihrer Veranstaltung zu erhalten wünschen. Das ist der Preis für Ihre Leistung und kein Kunde kauft gerne die Katze im Sack. Vielleicht können Sie auch Kontakte Ihres Sponsoren für die benötigen Dinge nutzen und damit einen weiteren Nutzen erzielen.
3. Potenzielle Sponsoren	beispielsweise durch • regionale Nähe? • bestehende Partnerschaften? • Entwicklungsmöglichkeiten? • Ergänzungsmöglichkeiten? • gemeinsame Zielgruppen? Was an Ihrem Veranstaltungskonzept ist besonders interessant für bestimmte Unternehmen? Zu welchen Unternehmen haben Sie bereits Kontakte, die nur noch nicht genutzt werden (zum Beispiel über Aufsichtsrat, Beirat oder externe Berater)? Wenn Sie mit Unternehmen sprechen oder bereits die ersten Partnerschaften geschlossen haben, sagen Sie, wen Sie gerne noch mit ins Boot holen möchten – oft gibt es hier bereits Partnerschaften und durch einen guten Kontakt kann eine ganze Lawine ins Rollen kommen! Denken Sie aber daran: Keinen Wettbewerb unter Sponsoren – dies sollte zum einen gar nicht zulässig sein und im Sponsoringvertrag geregelt werden – zum anderen ist die Branche klein und man kann sich dadurch einen schlechten Namen machen.
4. Was ist das Besondere ...	• ... an Ihrer Veranstaltung? Alleinstellung? Attraktivität durch ...? • Wofür stehen Ihr Unternehmen, Ihre Dienstleistungen, Ihre Produkte? (Innovation, Forschung, Gesundheit, Umwelt?) • Von welchem positiven Image kann der Sponsor profitieren? Woran kann er sich anbinden? (Was will der Sponsor, was wollen Sie?) • Ist es sinnvoll, gesellschaftspolitisches Interesse zu dokumentieren oder zu kritischen Punkten Stellung zu beziehen? (Umgehungsstraße, Windpark, Jugendarbeitslosigkeit)

Arbeitsschritte	Klären/hinterfragen Sie
5. Multiplikatoren	• Welche Presse- und Medienvertreter erwarten Sie/laden Sie ein? • Wie können Sie Ihre Veranstaltung für Multiplikatoren interessanter machen? (Einladung von VIPs oder Persönlichkeiten des öffentlichen Lebens/Regenbogenpresse, Vorstellung neuer Produkte, Veröffentlichung von Branchen- oder Unternehmensneuigkeiten .../ Branchenzeitschriften, Fachkongresse/Fachpresse) • Gibt es eine Pressekonferenz? Pressemitteilung? Pressefotos? • Wer sollte von Ihrer Veranstaltung erfahren, wie können Sie diese Personengruppe erreichen?
6. Vorteile für den Sponsoringgeber	• Welche Öffentlichkeit können Sie bieten? • Zielgruppe – direkt und über Multiplikatoren • Wie kann ein Sponsoringgeber durch Sie und Ihre Veranstaltung seine Bekanntheit steigern? • Welches Image hat die Veranstaltung? Präzisieren Sie dies, entwerfen Sie ein klares Bild der Veranstaltung und des Ablaufs. Beispiel: Sie werben mit ›Eine Veranstaltung für junge Menschen‹ – der eine Sponsoringgeber mag sich etwas wie den Weltkirchentag vorstellen, ein anderer den Christopher-Street-Day ...

Tipp

Alle Leistungen und Gegenleistungen müssen detailliert aufgelistet und in einem professionellen Sponsoringvertrag festgehalten werden – und dieser sollte zur Absicherung beider Parteien juristisch geprüft werden. Je klarer ein Vertrag zwischen Sponsoringpartnern formuliert ist, desto weniger Interpretationsspielraum und damit Anlass für Missverständnisse lässt er zu. Dies gibt auch Sicherheit, wenn die zuständigen Ansprechpartner wechseln – das Sponsoringverhältnis soll ja auch dann ohne Hindernisse und Unklarheiten weiterlaufen können.

Versprechen Sie im Eifer nichts, was Sie nicht halten oder nicht beeinflussen können – beispielsweise ein Fotoshooting mit der Bundeskanzlerin oder Aufnahmen vom Ehrengast mit dem Produkt des Sponsoringgebers in der Hand. Und bleiben Sie ehrlich! Wenn sich das angekündigte Gala-Event als Grillfest entpuppt, ist der Sponsoringgeber zu Recht unzufrieden.

Recherchequellen

Sie möchten mehr zum Thema Sponsoring erfahren und/oder auf dem Laufenden bleiben? Hier erhalten Sie Anregungen mit zahlreichen Informationen und Dienstleistungen für Veranstalter:

21. Recherchequellen zum Sponsoring

Unternehmen	Website	Leistungen
ESB Europäische Sponsoring-Börse	www.esb-online.com	Überblick und Transparenz im häufig chaotischen Sponsoring-Markt bietet die ESB – Europäische Sponsoring-Börse.
Fachverband für Sponsoring-Agenturen und Dienstleister	www.faspo.de	Interessenvertretung für den gesamten Sponsoring-Markt
W&N Stiftung & Sponsoring Verlags GmbH	www.stiftung-sponsoring.de	Wichtige rechtliche und steuerliche Problemstellungen, Fragen zur Führung, Organisation, Fördertätigkeit, Vermögensverwaltung und Kommunikationsarbeit von Stiftungen

2.4.5 Typische Gründe für Budgetüberschreitungen

Warum laufen bei Veranstaltungen so häufig die Kosten aus dem Ruder? Zum einen natürlich, weil sie im Vorfeld häufig nicht mit der erforderlichen Sachkenntnis durchdacht und geplant wurden (dies sollte Ihnen mithilfe der *Arbeitshilfe zur Ermittlung der Veranstaltungskosten* nicht mehr passieren).

Weitere Gründe können sein:

Veränderung der Teilnehmerzahlen

Je nach Anteil und Gewichtung der bei Veranstaltungen entstehenden fixen und variablen Kosten kann eine Veränderung der Teilnehmerzahl die Veranstaltungskosten stark beeinflussen.

Aufschläge für kurzfristige Buchungen

Kurzfristige Planung/Buchung wird bei Veranstaltungen meist teuer. Sei es, weil Sie bestimmte Rabatte und Angebote nicht mehr nutzen können oder weil Sie nicht mehr über die Auswahl und den Verhandlungsspielraum verfügen, um einen Sonderpreis auszuhandeln.

Aufschläge für Eilbestellungen

Das Gleiche gilt für Eilbestellungen: Die Druckerei, die eine Extra-Schicht einlegen muss, um die Einladungen oder Handouts zu produzieren, lässt sich die Überstunden natürlich extra vergüten, ebenso wie alle anderen Lieferanten oder Dienstleister.

Veranstaltungen zu Messezeiten
Überlegen Sie sich vorher, ob es wirklich Sinn macht, Ihre Veranstaltung zur Messezeit durchzuführen. Nicht nur, dass viele Hotels Spitzenpreise verlangen (wenn überhaupt noch Zimmer verfügbar sind), auch die Gestaltung von Abend- und Rahmenprogrammen wird deutlich teurer und schwieriger.

Extras und Special orders
Ein wichtiger Punkt, der enorm in die Kosten gehen kann! Achten Sie darauf, dass es vorher eine allgemeingültige Anweisung gibt, von wem die feinen Extras von Latte macchiato bis Zigarre zu tragen sind.

Veränderungen am Veranstaltungskonzept
Dieses Problem ist leider häufig hausgemacht. Nachträgliche Änderungen am Konzept hinsichtlich Künstler, Catering, Ausstattung etc. schlagen sich in den Kosten nieder. Denn sowohl die Agentur als auch Ihre Mitarbeiter müssen ihre zusätzliche Zeit vergütet bekommen. Immer wieder neue Recherchen, Anfragen, Angebotsprüfung, Preisverhandlungen und Vergleiche kosten Zeit und damit Geld.

Kleinvieh macht auch Mist!
Nach Veranstaltungen ist häufig die Verwunderung groß, wie sehr (bei der Budgeterstellung vergessene) Gastgeschenke, Porto und Kleinigkeiten, wie etwa die Namensschildchen, doch ins Geld gehen können!

Tipp

Nicht übertreiben: Wer erst einmal das Sparen bei Veranstaltungen für sich entdeckt hat, zieht die Schraube gerne zu fest an. Einsparen ist nur insoweit sinnvoll, wie darunter nie Professionalität, Qualität und Sicherheit leiden. Je komplexer eine Veranstaltung, je anspruchsvoller die Gäste und je größer die Medienwirksamkeit, desto wichtiger ist ein reibungsloser, professioneller Ablauf. Spezialisten sind durch ihre Erfahrung und spezifisches Know-how in der Lage, auch für anspruchsvollste Fälle die maßgeschneiderte Lösung zu bieten. Wägen Sie also im Vorfeld für Ihre Veranstaltung genau ab, wo Sie Top-Qualität, Sicherheit und spezielles Know-how einkaufen und wo sich gegebenenfalls sparen lässt. Denn nichts ist wichtiger als ein positives Endergebnis (auch für Sie!). Erst danach wird Ihre Sparleistung bewertet – aber seien Sie versichert: gleich danach!

Ihre Veranstaltung kann und soll gemäß Ihrem bisherigen Konzept durchgeführt werden? Wunderbar, dann klären Sie nun die sich aus Ihrem Konzept ergebenden rechtlichen Vorgaben und Anmeldepflichten.

2.5 Rechtliche Vorgaben

Klären Sie im Rahmen Ihrer Veranstaltungsplanung:

22. Checkliste: Rechtliche Vorgaben

Zu klären	Trifft zu	Zuständig
Welche gesetzlichen Vorgaben bestehen, beispielsweise zu Arbeitszeiten, Datenschutz, Versteuerungspflicht/geldwertem Vorteil etc.? (siehe auch UWG, EStG, ArbZG)		
Welche Anmeldungen müssen vorgenommen und welche Genehmigungen eingeholt werden?		
Welche Vorgaben bestehen durch Ihre jeweilige bundesländerspezifischen Muster-Versammlungsstätten-Verordnung (MVStättV)?		
Welche Pflichten und Auflagen bestehen? Zum Beispiel • genehmigte Besucherzahlen der Location/Tribünen, • genehmigte Bestuhlungspläne, • Sicherheit technischer Bauten, • Rettungswege, • Fluchtwege, • Fluchttüren, • Brandschutz, • Abnahme fliegender Bauten, • geschultes Personal vor Ort • etc.		
Welche Haftungsrisiken bestehen? Zum Beispiel • Personenschäden, Sachschäden, Vermögensschäden, • Sorgfaltspflicht, Fahrlässigkeit, grobe Fahrlässigkeit.		
Welche Risiken müssen/können Sie durch Versicherungen absichern?		
Welche Verträge müssen abgeschlossen werden?		

Tipp

Unwissenheit schützt vor Strafe nicht – daher gilt bei all diesen Punkten: Lassen Sie sich durch einen Experten (beispielsweise Fachanwalt für Eventrecht) beraten, der Ihr Konzept prüft, Sie auf rechtliche/gesetzliche Vorgaben hinweist und Sie bei Ihrer Risikoabsicherung unterstützt!

Ergänzend hierzu erhalten Sie nachfolgend einige wichtige Infos zur Einhaltung von Anmeldepflichten, Versammlungsstättenverordnung, zu Versicherungen, Gebühren und Abgaben (GEMA, GVL, KSK).

2.5.1 Anmeldungen und Genehmigungspflichten

Für die Realisierung zahlreicher Veranstaltungskonzepte benötigen Sie behördliche Genehmigungen, beispielsweise vom Ordnungsamt, Bauamt, TÜV, von der Feuerwehr oder vom Umweltamt. Beachten Sie die Vorschriften und Ihre Pflichten als Veranstalter unbedingt – eine Nicht-Beachtung kann nicht nur teuer werden, sondern im Extremfall sogar zum Ausfall Ihrer Veranstaltung führen! Ihr erster Ansprechpartner ist in der Regel das Ordnungsamt der jeweiligen Stadt, in der Sie Ihre Veranstaltung durchführen möchten. Dort erhalten Sie wichtige Informationen (entweder als Fragenkatalog oder teilweise auch schon als Online-Formular) und wichtige Tipps zu Anmeldung und Genehmigung von Veranstaltungen.

Generell anmelde-/genehmigungspflichtig sind beispielsweise folgende Veranstaltungen:

23. Checkliste: Anmeldungen und Genehmigungspflichten

Kriterium	Zu klären	Trifft auf uns zu
Veranstaltungen, die auf öffentlichen Flächen wie zum Beispiel Plätzen, Fußgängerzonen, Parks und Grünanlagen durchgeführt werden oder bei denen solche mit einbezogen werden		
Veranstaltungen, bei denen Beeinträchtigung des Straßenverkehrs zu erwarten sind		
Veranstaltungen in Gebäuden und Locations, bei denen vom genehmigten Einrichtungsplan (dieser liegt dem Betreiber der Versammlungsstätte vor) abgewichen wird. Dies ist besonders für die Einhaltung der erforderlichen Fluchtwege wichtig.		
Veranstaltungen, bei denen Speisen und/oder Getränke gegen Entgelt abgegeben werden. Hier muss gegebenenfalls auch an eine Änderung der gesetzlich vorgeschriebenen Sperrzeiten gedacht werden.		
Musikalische Darbietungen (live oder von Tonträgern) und Veranstaltungen mit Beschallungsanlagen im Freien (beispielsweise für Durchsagen, Ansprachen etc.)		
Veranstaltungen, die brandschutzrechtlich gefährlich sind, beispielsweise durch offenes Feuer, Gas, Pyrotechnik. Für diese erstellt die Branddirektion eine brandschutztechnische Beurteilung. Diese gibt außerdem Auskunft über die Anzahl der benötigen Sanitäter am Veranstaltungsort!		
Feuerwerke: maximale Dauer 30 Minuten. Maximal zulässige Endzeiten: Im Mai, Juni, Juli bis 22:30 Uhr, in der sonstigen Sommerzeit bis 23:00 Uhr, im übrigen Jahr bis 22:00 Uhr (Ausnahme: Silvester)		
Tombolas sind erlaubnispflichtig. Liegt der Gesamtpreis der Lose über 650 Euro, sind diese auch steuerpflichtig und müssen beim Finanzamt angemeldet werden. Ausnahmen sind beispielsweise bei gemeinnützigen Zwecken möglich – allerdings nur nach Vorliegen einer behördlichen Genehmigung. Ohne eine solche Genehmigung ist die Veranstaltung öffentlicher Lotterien sogar strafbar.		
Messen, Ausstellungen, Wochenmärkte, Jahrmärkte, Volksfeste und Großmärkte		
Veranstaltungen, bei denen sogenannte ›Fliegende Bauten‹, also Bühnen, Tribünen, Zelte, Messestände, Fahrgeschäfte etc. aufgestellt werden. Die fliegenden Bauten müssen von der Bauaufsicht abgenommen werden.		

Klären Sie im Zweifelsfalle einfach durch Nachfassen beim jeweiligen Amt, ob Anmeldepflicht für Ihre Veranstaltung besteht und wen Sie über die Durchführung informieren müssen.

Das Ordnungsamt oder gegebenenfalls auch die weiteren im Genehmigungsverfahren zuständigen oder beteiligten Fachbehörden und Ämter (diese werden häufig bereits vom Ordnungsamt unterrichtet) informieren Sie dann auch über die zu leistenden Abgaben und Gebühren.

2.5.2 Versammlungsstättenverordnung (VStättV)

Ihr Veranstaltungsort oder Ihre Veranstaltungslocation stellt eine Versammlungsstätte dar

- bei Veranstaltungen in geschlossenen Räumen mit Kapazität für mehr als 200 Personen (in einem oder auch in mehreren Räumen, wenn diese durch einen Fluchtweg verbunden sind),
- bei Versammlungsstätten mit Szenefläche im Freien mit Kapazität für mehr als 1.000 Besucher (die Veranstaltungsfläche muss durch bauliche Anlagen abgegrenzt sein),
- in Sportstadien mit Kapazität für mehr als 5.000 Personen.

Bei der Nutzung von Versammlungsstätten müssen diverse Vorschriften beachtet werden – unter anderem Vorschriften zu

- Rettungswegen – hierunter fallen Führung und Bemessung der Rettungswege, Treppen, Türen und Tore,
- Besucherplätzen und Einrichtungen für Besucher – hierunter fallen Bestuhlung, Gänge und Stufengänge, Abschrankungen und Schutzvorrichtungen, Toilettenräume, Stellplätze für Behinderte,
- technischen Anlagen und Einrichtungen, besondere Räume – hierunter fallen unter anderem Feuerlöscheinrichtungen und -anlagen,
- besonderen Bauvorschriften – unter anderem für Großbühnen, Versammlungsstätten mit mehr als 5.000 Besucherplätzen, Sportstadien,
- verantwortlichen Personen und deren Pflichten (Betreiber, Veranstalter und Beauftragte)!

Diese Vorschriften sind in der sogenannten Versammlungsstättenverordnung festgehalten.

Die Vorgaben in der Muster-Versammlungsstättenverordnung (MVStättV) – diese wurde von der Bauministerkonferenz (ARGEBAU) erstellt und soll als Grundlage einer bundesweiten Vereinheitlichung der einzelnen Länderregelungen dienen – widmen sich hauptsächlich dem Schutz und der Sicherheit Ihrer Teilnehmer und verdienen höchste Beachtung. Die Wichtigkeit der Einhaltung dieser Vorschriften kann daher gar nicht genug betont werden.

Deshalb: durchlesen – prüfen – sicherstellen – einhalten!

Tipp

Unter *www.eventfaq.de* können Sie sowohl die Muster-Versammlungsstättenverordnung als auch die jeweiligen Versammlungsstättenverordnungen der Bundesländer im Volltext einsehen.

2.5.3 Versicherungen

Als Veranstalter tragen Sie gewisse Risiken. So könnte beispielsweise Ihre Veranstaltung durch schwierige Witterungsbedingungen oder kurzfristige Erkrankung des Referenten ausfallen. Wenn nun die Einnahmen ausbleiben, aber Kosten entstehen (zum Beispiel Locationmiete, Personal, Catering, Equipment), kann Ihre Finanzlage als Veranstalter in Schieflache geraten. Ein sorgfältiges Risikomanagement (siehe auch Kapitel 2.9) sollte daher für jeden Veranstalter Pflicht sein!

Gegen zahlreiche Schadensfälle kann sich der Veranstalter auch über Versicherungen absichern (jedoch ist es hier empfehlenswert, nach Eintrittswahrscheinlichkeit und Anzahl/Höhe der möglichen oder zu erwartenden Schäden abzuwägen). Die Versicherungs-Klassiker:

Veranstaltungsausfall

Eine solche Versicherung gewährt dem Versicherungsnehmer Schutz, wenn die versicherte Veranstaltung

- ausfällt,
- in der Durchführung eingeschränkt oder gar abgebrochen werden muss oder
- zeitlich/örtlich verschoben werden muss.

Veranstaltungshaftpflicht

Hierbei handelt es sich um eine Fremdschadenversicherung: Der Veranstalter versichert hiermit Schäden, die er oder seine Erfüllungsgehilfen verursacht haben.

Eine Veranstaltungshaftpflicht-Versicherung ist in jedem Fall sinnvoll, da der Veranstalter gewährleisten muss, dass die Teilnehmer seine Veranstaltung besuchen können, ohne Schaden zu nehmen. Da dies zum einen schlicht nicht möglich ist, zum anderen die drohenden Schäden (vor allem bei tatsächlichen Personenschäden) sehr groß werden können, überträgt der Veranstalter sein Risiko per Versicherung auf einen Versicherer. Eine Veranstaltungshaftpflicht-Versicherung ist inzwischen bei Nutzung vieler Locations zwingend vorgeschrieben.

Tipp

Beachten Sie je nach Ihrer Veranstaltungsart/Ihrem Konzept, dass beispielsweise Transport und/oder Auf- und Abbauzeiten mitversichert werden sollten, da auch hier zahlreiche Schäden entstehen können!

Elektronik-/Veranstaltungsgüter-Versicherung

Schließen Sie bei erhöhtem Schadensrisiko und/oder aufwendigem elektronischem Equipment auch eine Elektronik-/Veranstaltungsgüterversicherung für firmeneigene und/oder angemietete Technik ab (ist als Zusatzversicherung zur Veranstaltungshaftpflicht-Versicherung möglich).

Eine solche Versicherung greift bei Schäden durch Fahrlässigkeit, Schäden durch Vorsatz Dritter, Schäden durch Kurzschluss, Brand, Wasser, Überspannung und Diebstahl.

Klären Sie,

- welche Geräte genau schriftlich festgehalten werden sollen (versichert sind nur die in der Police aufgeführten Geräte!),
- ob die darin enthaltene Diebstahlversicherung auch für Nachtzeiten (nach 22:00 Uhr) gilt und
- ob der jeweilige Zeit- oder der Neuwert versichert ist (genauen Wert prüfen).

Fazit: Sprechen Sie mit einem Experten für Eventrecht über das Risikopotenzial Ihrer Veranstaltung und Ihre Möglichkeiten zur Absicherung. Gegebenenfalls gibt es bei Ihrer Veranstaltung noch weitere Risiken, die Sie absichern möchten oder müssen? Bestimmte Risiko-Schutzmaßnahmen des Veranstalters können sich übrigens auch günstig auf die jeweiligen Versicherungsbeiträge auswirken!

Sprechen Sie dann auch mit dem Berater Ihrer Versicherungsgesellschaft über die zu versichernden Risiken – unter Umständen werden bestimmte Schadensfälle bereits über Ihre Firmenhaftpflichtversicherung oder andere Versicherungen Ihres Unternehmens abgedeckt!

2.5.4 GEMA/GVL

Sie planen die öffentliche Wiedergabe von urheberrechtlich geschützten Werken (Musik, Kompositionen etc. – live oder von Tonträgern)? Vergessen Sie nicht, dies bei der GEMA, der Gesellschaft für musikalische Aufführungs- und mechanische Vervielfältigungsrechte, anzumelden und hierfür eine Genehmigung einzuholen. In die Anmeldung gehören alle tarifrelevanten Informationen, wie

- Teilnehmerzahl,
- Höhe des Eintrittsgeldes,
- Größe des Veranstaltungsraumes
- und die Art Ihrer Veranstaltung und Art der musikalischen Darbietungen.

Zuschläge werden erhoben, wenn Ihre Veranstaltung vor 15:00 Uhr beginnt oder länger als bis 22:00 Uhr andauert.

Aus diesen Angaben berechnet die GEMA die für Sie fälligen Gebühren – und führt diese an die jeweiligen Urheber ab. Bei ›Vergessen‹ fällt ein sogenannter Kontrollzuschlag in Höhe von 100 Prozent der regulären Gebühren an.

Für die öffentliche Wiedergabe von geschützten Werken von Musikern, Schauspielern, Tänzern oder künstlerischen Produzenten ist die GVL, die Gesellschaft zur Verwertung von Leistungsschutzrechten, zuständig.

GEMA/GVL-frei sind Aufführungen, wenn die Musiker und gespielten Titel nicht bei der GEMA angemeldet sind oder Komponist und Musiker bereits vor mehr als 70 Jahre verstorben sind.

Nähere Infos unter *www.gema.de* und *www.gvl.de.*

2.5.5 KSK – Künstlersozialkasse

»Mit der Künstlersozialversicherung sind seit 1983 die selbstständigen Künstler und Publizisten in den Schutz der gesetzlichen Sozialversicherung einbezogen worden. Es gilt hier die Besonderheit, dass Künstler und Publizisten nur etwa die Hälfte ihrer Beiträge selbst tragen müssen und damit ähnlich günstig gestellt sind wie Arbeitnehmer. Die andere Beitragshälfte wird durch einen Bundeszuschuss und eine Abgabe der Unternehmen finanziert, die künstlerische und publizistische Leistungen verwerten.« Quelle: *www.kuenstlersozialkasse.de*.

Arbeiten Sie also mit Livebands, Künstlern und Publizisten, fallen außerdem Beiträge für die Künstlersozialkasse an!

Wer gehört der Berufsgruppe der Künstler und Publizisten an? »Künstler ist, wer Musik, darstellende oder bildende Kunst schafft, ausübt oder lehrt. Publizist ist, wer als Schriftsteller, Journalist oder in ähnlicher Weise wie ein Schriftsteller oder Journalist tätig ist. Auch wer Publizistik lehrt, fällt unter den Schutz des KSVG. Die KSK überprüft anhand eines Fragebogens und einzureichender Nachweise die Künstler- beziehungsweise Publizisteneigenschaft.« Quelle: *www.kuenstlersozialkasse.de*

Nähere Infos unter *www.kuenstlersozialkasse.de*

Tipp

Sie finden das Thema Eventrecht auch so spannend? Dann empfehle ich Ihnen das *Handbuch zum Eventrecht* von Rechtsanwalt Elmar Funke (siehe auch Buchtipps Seite 241). Neben den eigentlichen Rechtsthemen erhalten Sie hier auch Praxistipps und Musterformulierungen, die dem Veranstalter das Leben deutlich erleichtern können.

2.6 Veranstaltungstermin, -ort und -location

Ziele und Zielgruppe sind geklärt, das Budget steht – dann können Sie sich den nächsten Veranstaltungsdetails zuwenden: Dem Veranstaltungstermin, dem Veranstaltungsort und der Veranstaltungsstätte oder Location.

2.6.1 Veranstaltungstermin

Einen für alle Beteiligten passenden Veranstaltungstermin zu finden, ist alles andere als einfach: Als ob es nicht schon schwierig genug wäre, alle Teilnehmer, die bei der Veranstaltung anwesend sein müssen, zeitlich unter einen Hut zu bekommen – zusätzlich muss auch noch an Messen, Großveranstaltungen und Sportereignisse sowie an Ferientermine, Feier- und Brückentage (und das je nach Teilnehmern auch noch international) gedacht werden!

Hier eine Zusammenfassung der wichtigsten Fakten, die Ihnen helfen sollen, den passenden Termin für Ihre Veranstaltung zu ermitteln oder bereits genannte Terminvorgaben auf Machbarkeit zu prüfen:

24. Arbeitshilfe: Veranstaltungstermin

Zu beachten	Erläuterungen
Wer muss, wer kann und wer soll an der Veranstaltung teilnehmen?	Wenn Sie eine Veranstaltung planen, an der Politiker, VIPs, gefragte Referenten und Moderatoren und/oder Ihre Geschäftsleitung teilnehmen müssen, bleiben meist nur ganz wenige Termin-Alternativen übrig. Vor dem Terminkalender der Pflichtteilnehmer müssen sich Teilnehmer, von deren Erscheinen die Veranstaltung nicht zwingend abhängt, beugen.
Ferientermine, Feiertage, Brückentage	Beachten Sie bei Ihrer Planung Ferientermine und feiertagsreiche Zeiten! Falls Teilnehmer eine weitere Anreise haben, sollten auch besonders verkehrsreiche Zeiten bei der Planung der An- und Abreise bedacht werden. Bei internationalen Veranstaltungen sind gegebenenfalls auch Feiertage im jeweiligen Ausland relevant. Eine hilfreiches Recherchetool für nationale und auch internationale Feiertage und Ferientermine finden Sie unter: *www.schulferien-europa.com*
Messezeiten	Veranstaltungen zu Messezeiten sind meist wesentlich arbeitsintensiver in der Planung, da Hotels, Locations und externe Dienstleister wie Caterer während Messen stark gebucht sind. Da jedoch zahlreiche Veranstaltungen begleitend zu einer Messe stattfinden müssen, hat man nicht immer die Wahl. Messetermine (auch international) finden Sie unter *www.auma.de*.
Sportveranstaltungen	Olympia, WM, EM ... manchmal lassen sich gar nicht alle Sportveranstaltungen umgehen. Falls Sie es mit einer sportbegeisterten Zielgruppe zu tun haben, planen Sie das Ereignis als Highlight mit in Ihr Veranstaltungskonzept ein (Anmeldepflichten berücksichtigen). Veranstaltungen am Austragungsort sollten gut überlegt und besonders sorgfältig geplant sein. Menschenmassen, Fans etc. können eine erhebliche Erschwernis für die Abläufe darstellen. Termine und Austragungsorte finden Sie über die Internetseiten der jeweiligen Sportveranstaltung oder Internetsuchmaschinen.
Großveranstaltungen in der Veranstaltungsstadt	Ob Salzburger Festspiele oder Christopher Street Day – prüfen Sie, noch bevor Sie sich für eine bestimmte Stadt entscheiden, ob Ihr Termin mit anderen Großveranstaltungen zusammentrifft. Je nach Veranstaltung und Zielgruppe kann das von sehr gewünscht bis sehr störend sein. Infos über Großveranstaltungen erhalten Sie über die Internetseiten der jeweiligen Stadt (zum Beispiel *www.frankfurt.de*) und das jeweilige Ordnungsamt.

2.6.2 Veranstaltungsort/Destination (Stadt/Land)

Die Auswahl Ihres Veranstaltungsortes wird in der Regel durch feste Anforderungen mitbestimmt. Neben diesen sollten Sie aber auch die Attraktivität beziehungsweise das Image des Veranstaltungsortes nicht außer Acht lassen – denn dies kann sich positiv auswirken, wenn es darum geht, den Gästen Lust auf die Teilnahme zu machen. Eine geschickte Ortswahl kann damit die Teilnahmequote oder den Kartenverkauf positiv beeinflussen.

Beachten Sie bei Ihrer Planung möglichst auch, dass die Botschaft Ihrer Veranstaltung und das Image des Veranstaltungsortes zueinander passen sollten. Wenn beispielsweise ein Unternehmen mit rückläufigen Umsätzen eine Krisensitzung in St. Moritz plant, sorgt das bei den Mitarbeitern vermutlich eher für Verwirrung. Von der Wahl des richtigen Veranstaltungsortes hängt außerdem ab, wie unkompliziert und entspannt Ihre Gäste zur Veranstaltung anreisen können.

Die folgende Arbeitshilfe soll Ihnen dazu dienen, aus einem unübersichtlichen Angebot den für Ihre Veranstaltung am besten infrage kommenden Veranstaltungsort zu ermitteln.

Tipp

Idealerweise prüfen Sie die Gegebenheiten am Ort Ihrer Wahl auch in Form einer Site Inspection (Besichtigung vor Ort)!

25. Arbeitshilfe: Auswahl des Veranstaltungsorts

Zu klärende Details	Bewertung*	Bemerkung
Attraktivität des Ortes (auch politisch/gesellschaftlich)		
Passen Ort und Veranstaltungsziel zusammen (Imagetransfer)?		
Anspruch an Erreichbarkeit/Anreiseradius: • Pkw • Bahn • Flugzeug (gegebenenfalls international) • gegebenenfalls auch Fähre, Schiff		
Einhaltung maximaler Anreisezeit von x Stunden gewährleistet?		
Wird der Ort Ihrem Anspruch an folgende Faktoren gerecht: • Locations/Veranstaltungsstätten • Veranstaltungstechnik • logistische Anforderungen • bauliche Bedingungen • Hotels (Kategorien, Bettenzahl) • Transfers nötig? (zum Beispiel Hotel – Abendlocation oder Bahnhof – Veranstaltungsstätte) • Freizeitmöglichkeiten • Rahmen-/Begleitprogramm • gegebenenfalls Extras wie zum Beispiel Rennstrecke		
Fassen Ort, Hotels etc. die Teilnehmerzahl?		
Erfahrungen mit Veranstaltungen Ihrer Art?		
Klimatische Bedingungen passend?		
Gesamtwertung:		

*Hier können Sie mit Schulnoten (1 = sehr gut bis 6 = ungenügend) oder Prozentpunkten (0 Prozent = nicht vorhanden bis 100 Prozent = perfekt erfüllt) arbeiten, um eine aussagefähige Gesamtwertung ermitteln zu können.

Tipp

Bevor ich mit der Recherche beginne, frage ich ab, an welchen Orten die Veranstaltung bereits stattfand (gegebenenfalls auch wichtige Wettbewerbsveranstaltungen berücksichtigen) – und ob und ab welchem zeitlichen Abstand diese erneut gebucht werden können.

2.6.3 Veranstaltungsstätte/Location

Unter dem Sammelbegriff Veranstaltungsstätte/Location werden die unterschiedlichsten Gebäude und Räumlichkeiten zusammengefasst – beispielsweise von der Kongresshalle über firmeneigene Räumlichkeiten bis hin zu artfremden Räumen wie Museen oder Burgruinen.

Beachten Sie bei Ihrer Auswahl, dass die Location einen wichtigen Baustein Ihrer Veranstaltung darstellen kann: Sie könnte beispielsweise

- Lust auf Ihre Veranstaltung machen,
- die Veranstaltungsbotschaft tragen oder gar kommunizieren,
- helfen, die Veranstaltungsziele erlebbar zu machen

und soll natürlich auch nicht zuletzt einen Rahmen bieten, in dem sich Ihre Teilnehmer wohlfühlen.

Neben Wirkung und Ambiente stehen praktische und finanzielle Gesichtspunkte ganz oben auf Ihrer Anforderungsliste!

Prüfen Sie daher mögliche Veranstaltungsstätten auf folgende Kriterien (legen Sie für jede infrage kommende Veranstaltungsstätte eine separate Liste an und vergleichen Sie die Ergebnisse):

26. Checkliste: Veranstaltungsstätte/Location

Anforderungen an die Veranstaltungsstätte/Location	Okay?	Bewertung*	Bemerkung
Attraktivität, Ambiente, Eindruck			
Wie gut passen Location und Veranstaltungsziel/Motto etc. zusammen (Imagetransfer)? Tipp: Fordern Sie Bildmaterial von vergangenen Veranstaltungen an!			
Ansprechpartner für Vermietung (zum Beispiel Kompetenz, Entscheidungsbefugnisse, Servicegedanke, gleichbleibender Ansprechpartner?)			
Ansprechpartner für Haus/Halle/Haustechnik			
Vertrag AGB Reservierung, Option Zahlungsbedingungen Stornofristen und -konditionen Sicherheitsauflagen und Teilnehmersicherheit Haftung und Versicherungen			
Miete: • Was ist inkludiert? • Was kommt noch hinzu? • gegebenenfalls Personalbindung • Nebenkosten • Mindestverzehr • Kosten für Auf- und Abbautage			
Ausstattung, Material, Equipment: Was ist vorhanden? Was ist bei Buchung inkludiert? Was muss über Dritte zugebucht werden? Was muss selbst aufgebaut/bedient/installiert werden? Zum Beispiel: Mobiliar (Tische, Stühle, Stehtische); mobile Toiletten, Garderobenwagen; Bühne und Bühnenmobiliar, Rednerpult etc.; Deko, Verkleidungen, Hussen etc.; Technik (Licht, Sound, Präsentation); Kommunikationstechnik			
Vorgaben zu (zum Beispiel): • Nachhaltigkeit • Umweltschutz/grüne Veranstaltung • Lage • Erreichbarkeit für Teilnehmer • Anlieferungsmöglichkeiten, zum Beispiel Rampen für Lkw, Lastenaufzüge • Lagerräume • Freizeitmöglichkeiten • Rahmen-/Begleitprogramme in der Nähe			

Anforderungen an die Veranstaltungsstätte/Location	Okay?	Bewertung*	Bemerkung
Verkehrsanbindung: • Flughafen • Autobahn etc. • grüne Anreise wie Bahn, ÖPNV etc. • zusätzlich Kosten für Transfers, Shuttle, Parken etc.?			
Parkmöglichkeiten: • eigenes Parkhaus/Parkplatz • öffentliche Parkhäuser • Reservierungsmöglichkeiten • Öffnungszeiten? Verhandelbar? • Sonderpreise verhandelbar? • Buszufahrten/Parkmöglichkeit • Transfer-/Limousinenzufahrten/Parkmöglichkeit für Limousinen • Taxivorfahrten/-parkmöglichkeit			
Veranstaltungsräume (beispielsweise für): • Registrierung • Veranstaltung • Workshops, Break-out-Räume • Dolmetscher • Ausstellungsflächen • Sponsoren • Pausen Teilnehmer • Pausen Crew • Fahrer • Backoffice/Tagungssekretariat • Business-Center • Presse • Künstler/Speaker (Vorbereitung, Pausen) • Lagerflächen • etc. **Details zu den Räumen:** • Anzahl • Größe • Räume teilbar? • Erreichbarkeit, Entfernung • Zugang über Lift (Anzahl/Kapazität prüfen), Treppe, andere Räume etc. • Fluchtwege • Ausstattung • Beschallungsmöglichkeiten (Gänge etc.) • Behindertengerecht? • Ausschilderung • Außenlärm/Schallschutz			

Anforderungen an die Veranstaltungsstätte/Location	Okay?	Bewertung*	Bemerkung
• Beleuchtung/Tageslicht/Verdunklung • Belüftung/Klimaanlage/Heizung • Einschränkungen wie Säulen, niedrige Decken, besondere Akustik • Toiletten (Anzahl, Lage, Ausweichmöglichkeit) • Garderoben (Anzahl, Lage, Ausstattung)			
Auflagen/Vorgaben zur Location (zum Beispiel): • Lärmschutz • Vorgaben zur Art der Veranstaltung • Vorgaben zu externen Dienstleistern (Erfahrungen abfragen) • feste Vertragspartner • hauseigenes Personal • Vorgaben zu Versicherungen • Bestuhlungspläne • maximale Endzeit • maximal mögliche Auf-/Abbauzeiten			
Catering: • Bindung an Hauscaterer? • Qualität • Preis/Leistung			
Standardausstattung und Tagungstechnik (zum Beispiel): • Beamer (und Leinwand) • Overhead (und Stifte, Folien) • Flipchart (und Papier, Stifte) • Metaplankoffer + Wände (Ausstattung, Pins) • WLAN, ISDN • Fax, Telefon • Steckdosen, gegebenenfalls auch Starkstrom • Mikrofon(e) (Ansteck-, Hand-, Tischmikrofon) Was wird benötigt? Was ist vorhanden? Was muss angemietet werden? Technischer Support im Haus?			
Gesamtwertung:			

*Hier können Sie mit Schulnoten (1 = sehr gut bis 6 = ungenügend) oder Prozentpunkten (0 Prozent = nicht vorhanden bis 100 Prozent = perfekt erfüllt) arbeiten, um eine aussagefähige Gesamtwertung ermitteln zu können.

Tipp

Versetzen Sie sich in die Rolle Ihrer Teilnehmer: Welchen ersten Eindruck vermittelt die Veranstaltungslocation? Wie werden Ihre Teilnehmer vor Ort empfangen? Was sehen sie zuerst? Wie können Sie es Ihren Teilnehmern erleichtern, anzukommen und sich zurechtzufinden? Ihr Veranstaltungspersonal trägt wesentlich zu einem positiven ersten Eindruck bei, nicht zuletzt durch eine freundliche, individuelle Begrüßung!

2.6.4 Tagungshotels als Veranstaltungsstätten

Tagungshotels werden häufig und gerne als Veranstaltungsstätten genutzt – mit allen und trotz aller Vor- und Nachteile. Einer der Gründe, warum sich Tagungshotels so großer Beliebtheit erfreuen, ist sicherlich, dass sie im Idealfall den Raum für die Veranstaltung bieten (von Seminar bis Gala-Event) und gleichzeitig auch die Unterbringung der Teilnehmer ermöglichen – wodurch Kosten und Wegezeiten für den Gästetransport entfallen.

Der Vorteil ›Alles in einem Haus‹ kann sich aber auch ins Gegenteil verkehren – nämlich dann, wenn die Teilnehmer bei mehrtägigen Veranstaltungen einen Lagerkoller bekommen, das Tagungshotel durch Mittelmäßigkeit besticht oder sich die Teilnehmer in ihrer Freizeit in Haus und Umgebung langweilen. Um Ihre Veranstaltung in einem Tagungshotel zu einem wirklichen Highlight zu machen, ist daher besondere Sorgfalt bei der Auswahl des optimalen Hauses passend zu Ihrer Zielgruppe notwendig.

Tipp

Da die Hotelklassifizierungen des DEHOGA (Deutscher Hotel- und Gaststättenverband) nicht optimal aussagekräftig für die tatsächliche Eignung eines Hotels als Tagungs- oder Konferenzhotel sind, führte der Verband Deutsches Reisemanagement e.V. (VDR) 2001 eigene Systeme zur Zertifizierung geschäftsreise- und konferenzgeeigneter Hotels ein. Unter *www.vdr-service.de/hotel-zertifizierung/* finden Sie die Bewertungskriterien und auch eine Auflistung von Certified Business Hotels und Certified Conference Hotels – sowie auch Certified Conference Ships und Certified Green Hotels. Auch gibt es inzwischen zahlreiche Häuser, die sich mit Angebot und Services auf wichtige Zielgruppen und deren Ansprüche spezialisieren, wie zum Beispiel Business-Frauen.

27. Checkliste: Tagungshotel als Veranstaltungsstätte

Anforderungen an Ihr Tagungshotel	Okay?	Bewertung*	Bemerkung
Attraktivität, Ambiente, Eindruck			
Passen Tagungshotel und Veranstaltungsziel zusammen (Imagetransfer)?			
Kapazität ausreichend? Bei VIPs: pressefreie Zugänge möglich?			
Preise (Übernachtung, Frühstück, Parken, Internetzugang etc.) Verhandlungsspielräume?			
Reservierungsfristen Optionierungsmöglichkeiten			
Zahlungsbedingungen AGB Stornofristen und -konditionen			
Buchungswege gemäß Ihren Wünschen möglich (zum Beispiel Abrufkontingent)?			
Umbuchungen gemäß Ihren Wünschen möglich?			
Late Check-in, Late Check-out – passen die Bezugszeiten der Zimmer zu den Anreisezeiten der Teilnehmer? Gegebenenfalls Gepäckaufbewahrung?			
Vereinbarungen zur Rückgabe der nicht genutzten Hotelzimmer eventueller No-shows			
Erfahrung mit Veranstaltungen Ihrer Art? (Zum Beispiel Herausforderungen durch Sicherheitsauflagen realisierbar?)			
Lage • Umgebung, Freizeitmöglichkeiten • Möglichkeiten/Tipps/Kooperationspartner für Rahmen- und Begleitprogramme • Anreisemöglichkeit • Infrastruktur • Transfer (Bahnhof, Flughafen)			
Ansprechpartner • Entscheidungskompetenz • Zuständigkeit • Vertretung • Erreichbarkeit • Freundlichkeit, Professionalität			

Anforderungen an Ihr Tagungshotel	Okay?	Bewertung*	Bemerkung
Service verfügbar/buchbar? • Bankettservice • Wellness, Spa • Separater Check-in möglich? • Hotel-Check-in auch in Eventlocation möglich? • Verteilung von Begrüßungsschreiben, Unterlagen, Give-aways etc. auf Zimmer möglich? Kosten hierfür? • Security, Wachpersonal • Ärztliche Notversorgung			
Parken • Eigenes Parkhaus/eigener Parkplatz oder fremdvermietet? • Sonderpreise verhandelbar? • Reservierungsmöglichkeiten, VIP-Plätze • Buszufahrten/Parkmöglichkeit • Zufahrten und Parkmöglichkeiten für Shuttlefahrzeuge, Limousinen • Taxivorfahrten/Parkmöglichkeit Taxis			
Zimmer • Anzahl Zimmer gleicher Kategorie • Lage • Zimmer für VIPs • Raucher/Nichtraucher • Stand Technik (WLAN, ISDN) und Nebenkosten hierfür • Ausstattung/Upgrades/Extras möglich? (zum Beispiel Minibar bei angepasstem Inhalt frei)			
Restaurant(s) • Kategorien • Plätze • Öffnungszeiten • Exklusive Anmietung möglich? • Stilrichtungen • Preise (Karte prüfen) • Flexibilität • Sondervereinbarungen möglich?			
Bar • Ambiente • Öffnungszeiten • Angebot • Preise • Sondervereinbarungen möglich? • Exklusive Anmietung möglich?			

Anforderungen an Ihr Tagungshotel	Okay?	Bewertung*	Bemerkung
Konferenzbereich • Was ist vorhanden? Räume, Break-out-Räume, Backoffice, Business-Center (Angebot, Kosten, Zeiten?) • Kosten hierfür? • Flexibilität bei kurzfristigen Wünschen? • Personalzahl/feste Ansprechpartner? • Stil des Konferenzbereichs? • Lage/Erreichbarkeit? • Beschilderung, Beflaggung, Werbung möglich? • Infocounter, Hospitality-Desk aufstellbar? • Technische Ausstattung • Technischer Support			
Gesamtwertung:			

* Nutzen Sie auch hier die Möglichkeit, durch eine Benotung das häufig große und unübersichtliche Hotelangebot vergleichbarer zu machen!

Wenn möglich, bringen Sie Ihre Teilnehmer auch bei größeren Gruppen nicht in mehreren Hotels unter. Das Gras auf der anderen Seite scheint immer grüner ... Binden Sie die Vorzüge Ihres Tagungshotels und der Umgebung mit in Ihre Veranstaltungsplanung ein. Lädt beispielsweise ein schöner Garten dazu ein, den üblichen Business Lunch nach draußen zu verlegen oder in Form eines Picknicks durchzuführen? Können bei schönem Wetter auch ganze Veranstaltungsteile wie Gruppenarbeiten oder Workshops outdoor stattfinden? Bitten Sie Ihre Ansprechpartner im Tagungshotel um Ideen und Erfahrungen bezüglich der individuellen Gegebenheiten des Hauses und um Vorschläge und Infos, welche Möglichkeiten die nähere Umgebung bietet. Die Hotelmitarbeiter kennen die Vorzüge und Nachteile ihres Hauses am besten und können die Erfahrungen aus früheren Veranstaltungen (vielleicht sogar mit Bildmaterial) mit Ihnen teilen.

2.6.5 Die Teilnehmerverpflegung, Catering

Essen ist die wichtigste Nebensache einer Veranstaltung! Diese Arbeitshilfe soll es Ihnen oder auch Ihren Erfüllungsgehilfen vor Ort ermöglichen, die gewünschten und gebuchten Details zu kontrollieren, zu überwachen und/oder einzufordern.

28. Arbeitshilfe: Teilnehmerverpflegung

Teilnehmerverpflegung, Catering	Was	Wann	Wo	Bemerkung
Besondere Bestellungen/Besondere Hinweise an die Organisation Die Gäste sollten sich durch Beschilderung, Beschriftung, Piktogramme möglichst einfach zurechtfinden können (enthält Alkohol, Schweinefleisch, vegetarisch etc.)!				Vegetarier, Allergiker, Veganer, Unverträglichkeiten ... wie flexibel können auch unangemeldete Bedürfnisse berücksichtigt werden? Achten Sie auf ein attraktives Angebot!
Verhältnis Teilnehmerzahl zu Servicepersonal				Prüfen! Gegebenenfalls auch Qualifikationen, Fremdsprachenkenntnisse
Staus, Schlangenbildung und Engpässe				Wie wird hier aktiv vorgebeugt?
Werden besonders kreative Lösungen (Thema, Motto, Ablauf), besondere Bestuhlung, aufwendige Deko etc. gewünscht?				Holen Sie Vorschläge für kreative Lösungen gemäß Ihren Kostenvorgaben ein! Möglichst Bildmaterial zeigen lassen.
Wünschen Sie Abweichungen vom Angebot wie zum Beispiel bei den Weinen, Personal etc.?				Gegebenenfalls fallen Ausfallentschädigungen an, zum Beispiel Korkgeld
Tagungsgetränke im Raum (Art, Flaschengröße und Menge)				Wann wird aufgefüllt/ ausgewechselt?
Getränke für Referenten/Bühne				Wann wird aufgefüllt/ ausgewechselt? Durch wen?
Begrüßung Speisen Getränke				Was haben Ihre Teilnehmer hinter sich, bis sie Ihre Teilnehmer werden? Anreisezeit? Darauf sollten Sie Ihr Angebot abstimmen.
Pause vormittags Speisen Getränke				Themen-/Motto-/Aktionspausen möglich? Auf Abwechslung beim Pausenangebot achten.
Pause mittags Speisen Getränke Tipp Buffet: Auch der letzte Gast soll noch eine attraktive Auswahl am Buffet vorfinden!				Umgang mit kostenpflichtigen Extras (zum Beispiel Wein zum Essen, Latte Macchiato oder Espresso im Restaurant)

Teilnehmerverpflegung, Catering	Was	Wann	Wo	Bemerkung
Oder Mittagessen extern? Telefonnummer Anfahrt Was ist bestellt?				Reservierung sollte vor Ort geprüft und besprochen werden. Gegebenenfalls Tischkärtchen, Dekoration, Raucherlounge?
Pause nachmittags Speisen Getränke				Pufferzeiten beachten – Pausen finden selten exakt pünktlich statt. Auf Konferenzetagen gegebenenfalls Beschilderung nötig.
Abendessen extern? Telefonnummer Anfahrt Was (detailliert) ist bestellt?				Umgang mit kostenpflichtigen Extras (zum Beispiel Aperitif, Digestiv, von der gebuchten Auswahl abweichende Wünsche) Raucherlounge? Transfers/Shuttles
Digestiv, Bar, Cocktaillounge				Wie, wann und durch wen wird die Veranstaltung beendet?
Crewcatering				Zeitlich flexibel, einfach/schnell wähl- und verzehrbar
Bewirtung Fahrer, Sicherheit etc.				Zeitlich flexibel

2.6.6 Speaker (Referenten, Gastredner, Moderatoren etc.)

Die Auswahl der oder des passenden Speakers ist maßgeblich für den Erfolg einer Veranstaltung. Ihre Teilnehmer verlangen und verdienen es, erstklassig informiert, weitergebildet, unterhalten zu werden – motivierend, aktuell und praxisnah. Ein Austausch mit dem Referenten sollte im Idealfall möglich sein, also Expertenwissen zum Anfassen. Eine reine Beschallung, Selbstdarstellungen von aktuell oder ehemals Prominenten, und/oder endlose PowerPoint-Präsentationen im abgedunkelten Raum sind nicht mehr zeitgemäß. Ein Fachbuch lesen kann der Teilnehmer schließlich auch zu Hause – dafür muss er keine Veranstaltung besuchen.

Ein Experte zum Anfassen zu sein, verlangt viel von den Referenten – denn nicht jeder fachlich brillante Experte ist auch ein begnadeter Speaker! Wählen Sie deshalb Ihre Referenten nicht nur nach Thema, sondern auch nach Vortragsqualitäten aus und buchen Sie möglichst niemanden, von dessen Qualität Sie (oder ein Erfüllungsgehilfe) sich nicht live überzeugen konnten. Professionelle (!) Referentenagenturen können Ihnen die Qualitätsprüfung abnehmen und Empfehlungen für Zielgruppen, Themen etc. aussprechen – schlagen aber für Ihre Leistung auch eine Handling-Fee auf den Tagessatz des Referenten auf, häufig 10 bis 15 Prozent.

Um Ihren Anforderungen und Wünschen gerecht werden zu können, benötigen die Speaker aber auch einiges von Ihnen: Zum einen Informationen zur Zielgruppe, zur Veranstaltung, zu weiteren Referenten und auch zu der Rolle, die Sie dem Speaker zugedacht haben. Zum anderen eine kontinuierliche und professionelle Kommunikation mit Ihnen wie zum Beispiel Abfrage der jeweiligen Anforderungen wie Technik, Material, Bühne, Tagungsunterlagen – eben der Hilfsmittel, die gewährleistet sein müssen, damit auch die Kommunikation zwischen dem Speaker und Ihren Teilnehmern funktionieren kann.

Eine im Vorfeld professionell strukturierte und gesteuerte Kommunikation von Ihrer Seite reduziert Rückfragen und erspart fehlende Technik/fehlendes Material am Veranstaltungstag!

29. Checkliste: Mögliche Auswahlkriterien für Speaker

Kriterien	Okay?	Anmerkungen
Passen die Honorarvorstellungen zu Ihrem Budget?		Achtung: Extras wie Reisespesen, Sonderwünsche, Personenschutz, Sicherheit beachten!
Fachkompetenz, Erfahrung		Ist Ihr Speaker ein Experte aus der Praxis?
Speaker-Kompetenzen		Zum Beispiel Methodenkompetenz, Unterweisungskompetenz – Kann der Speaker einen Gruppe motivieren und anleiten?
Akzeptanz/Identifikation		Können sich meine Teilnehmer mit dem Speaker identifizieren/diesen in seiner Rolle akzeptieren?
Bekanntheit/Zugkraft des Speakers		Positiv für Teilnehmerzahl
Aktualität des Themas		Neuigkeitswert führt zu Interesse
Relevanz des Themas		Nutzen führt zu Interesse
Vertretungs-/Ausfallregelungen		Kann bei Ausfall durch den Speaker oder die Agentur Ersatz gestellt werden?

Wenn Sie den für Ihre Kriterien passenden Speaker ermittelt haben, soll Ihnen folgende Arbeitshilfe eine professionelle und umfassende Kommunikation ermöglichen:

30. Arbeitshilfe: Speaker

Referenten, Gastredner, Moderatoren	Inhalt/Bemerkung	Termin/Stand
Rechtzeitig ansprechen und Termin festmachen (circa 9 bis 6 Monate Vorlauf)		
Informationen zur geplanten Veranstaltung: • Veranstaltungsziel • Rolle des Speakers • gewünschter Beitrag (Inhalt und Dauer) • Wissensstand und Hintergrund • Teilnehmer		
Eventuelle Probleme im Unternehmen oder in der Branche		
Dank- und Bestätigungsschreiben für Zusage		
Honorarvereinbarung		
Zusätzliche Kosten (Anreise, Übernachtung, Spesen, Extras)		
Vertrag/Zusatzvereinbarung		
Einladung wie an Teilnehmer (sämtliche Daten und Informationen)		
Informationen zu Teilnehmern und weiteren Referenten, Gastrednern und Moderatoren (Namen, Themen, Reihenfolge)		
Exposé oder Handout? Bis wann?		
Übersetzung? Dolmetscher?		
Gewünschte Technik und Equipment (Besonderheiten beachten – bei Präsentation per MacBook beispielsweise Adapter zum Anschluss des Beamers bereithalten)		
Probe wann und mit wem?		
Ruheraum oder Tageszimmer		
Verpflegung		
Mitschnitt oder Abschrift möglich?		
Fotoshooting (Rechte?)		
gegebenenfalls Blumen/Präsent		
Dankschreiben, Abrechnung		

Halten Sie die Abgabetermine, die sich in der Praxis häufig schwierig gestalten (Abgabe Handout, Präsentation, Technikliste, Termin Probe etc.), gleich im Vertrag fest!

Tipp

2.6.7 Event- und Veranstaltungstechnik

Veranstaltungstechnik soll zum einen eine störungsfreie und ansprechende Information der Teilnehmer ermöglichen und die reibungslose Kommunikation zwischen Speakern und Teilnehmern gewährleisten.

Zum anderen wird Veranstaltungstechnik heute aber auch zur Imagefrage: Moderne, innovative Unternehmen möchten ihr Image auch bei ihren Veranstaltungen erlebbar machen und keine Technik einsetzen, die sie altbacken oder angestaubt wirken lässt.

Legen Sie also detailliert fest:
- Welche Technik benötigen Sie für eine zeitgemäße, ansprechende Präsentation der Inhalte und zur Kommunikation mit den Teilnehmern?
- Was möchten, was müssen Sie buchen?
- Über wen können Sie das benötigte Equipment beziehen?

Arbeiten Sie sich in die Veranstaltungstechnik ein! Zumindest ein gewisses Grundverständnis und die Kenntnis über die gängigen Fachbegriffe ist nötig, um mit Speakern, Technikern und anderen externen Dienstleistern erfolgreich kommunizieren zu können!

Tipp

31. Checkliste: Veranstaltungstechnik

Anforderungen Veranstaltungstechnik	Ja/Nein	vor Ort	beschaffen/ buchen
Tontechnik, zum Beispiel für Referenten • Handmikrofon, Ansteckmikrofon, Tischmikrofon Tontechnik für Band oder musikalische Unterhaltung Beschallung allgemein • Lautsprecher im Saal • Beschallung Gänge etc.			
Lichttechnik, zum Beispiel: • Beleuchtung Saal • Stimmungsbeleuchtung • Außenbeleuchtung • Effektbeleuchtung			
Präsentationstechnik, zum Beispiel: • Laptop • Beamer • Overhead-Projektor			
Weitere Präsentationsmaterialien, zum Beispiel: • Flipchart • Metaplantafeln und Zubehör			
Live-Übertragung der Veranstaltung, zum Beispiel: • Live-Zuschaltungen • Video-Liveschaltung • Video-Konferenz			
WLAN, ISDN gegebenenfalls auch Fax, Telefon Steckdosen, gegebenenfalls auch Starkstrom			
Technik zur Live-Kommunikation zwischen Referent/Moderator und Teilnehmern, zum Beispiel: • Interaktionstechnik • Abstimmungstechnik • Saalmikrofone			
Technik zur Kommunikation Team/Crew/Dienstleister			
Regie für Zusammenspiel			
Dolmetscher • Anlage, Kabine, Endgeräte für Teilnehmer			
Aufzeichnen der Veranstaltung, zum Beispiel • Mitschnitt der Reden • Video-Dokumentation			
Technischer Support vor Ort (Name, Standort, Mobilnummer ...)			

2.6.8 Ausstattung Konferenzraum

Folgende Checkliste eignet sich hervorragend dazu, Aufgaben an einen Erfüllungsgehilfen vor Ort (beispielsweise eine Tagungssekretärin oder erfahrene Veranstaltungshostess) zu delegieren und wirklich alle relevanten Informationen weiterzugeben. Außerdem gibt sie bei kurzfristigen Vertretungsfällen, beispielsweise bedingt durch krankheitsbedingte Ausfälle, Sicherheit.

Ergänzen Sie hierfür alle gewünschten/gebuchten Details entsprechend Ihren Vorgaben.

Tipp

Fällt Ihnen Delegieren auch so schwer? Viele können oder wollen nicht loslassen, aus Angst, dass sich Fehler einschleichen könnten oder Wichtiges vergessen wird. Diese Arbeitshilfe ist in diesem Falle ein Geschenk für Sie!

32. Checkliste: Ausstattung Konferenzraum

Ausstattung Konferenzraum

Gebuchter Raum: ______________________________
(Raumnummer oder Name, Raumgröße in qm)
gebucht von ___:___ bis ___:___ Uhr

Auf- und Abbauzeiten?
❍ **ja**, von ___:___ bis ___:___ Uhr ❍ **nein**

Zeit für Probe und/oder Technik-Check?
❍ **ja**, von ___:___ bis ___:___ Uhr ❍ **nein**

Ansprechpartner seitens Hotel oder Locationbetreiber für alle Fragen bezüglich des Raumes:
Name: ______________________________
Mobilnummer: ______________________________

Betreuung der Veranstaltung durch:
Name: ______________________________
Mobilnummer: ______________________________

Projektleitung, Tagungssekretärin? Hostessen? (jeweils Name und Mobilnummer vermerken)
❍ **ja** ❍ **nein** ❍ Anmerkungen: ______________

Separates Backoffice oder Info-Desk vor Veranstaltungsraum?
❍ **ja** ❍ **nein** ❍ Anmerkungen: ______________

Beleuchtung/Verdunklung im Raum einstellbar?
❍ **ja** ❍ **nein** ❍ Anmerkungen: ______________

Heizung/Klimatisierung im Raum regelbar?
❍ **ja** ❍ **nein** ❍ Anmerkungen: ______________

Lärmschutz: Angrenzende Räume? Nachbarveranstaltungen?
❍ **ja** ❍ **nein** ❍ Anmerkungen: ______________

Technischer Support (Name, Mobilnummer)
❍ **ja** ❍ **nein** ❍ Anmerkungen: ______________

Welche Bestuhlungsform ist gewählt: ______________

Mit Referenten geklärt?
❍ **ja** ❍ **nein** ❍ Anmerkungen: ______________

Test: Etwaige Sichthindernisse wie Säulen etc. berücksichtigt?
❍ **ja** ❍ **nein** ❍ Anmerkungen: ______________

Gebuchte Ausstattung (zum Beispiel Bühne/Rednerpult/Fahnen/Schilder (CI, CD)
❍ **ja** ❍ **nein** ❍ Anmerkungen: ______________

Dekoration/Blumenschmuck
❍ **ja** ❍ **nein** ❍ Anmerkungen: ______________

Logo (Firmen- oder Veranstaltungslogo)
❍ **ja** ❍ **nein** ❍ Anmerkungen: ______________

Wegweiser/Beschilderung (wie finden die Teilnehmer zum Veranstaltungsraum?)
❍ **ja** ❍ **nein** ❍ Anmerkungen: ______________

Ausstattung Konferenzraum

Präsentationstechnik und -material (Was wurde bestellt/gebucht?)

Beamer und Leinwand
❍ **ja** ❍ **nein** ❍ Anmerkungen: ______

Overhead-Projektor
❍ **ja** ❍ **nein** ❍ Anmerkungen: ______

Laptop
❍ **ja** ❍ **nein** ❍ Anmerkungen: ______

Mikrofon (Art, Anzahl)
❍ **ja** ❍ **nein** ❍ Anmerkungen: ______

Übersetzungstechnik
❍ **ja** ❍ **nein** ❍ Anmerkungen: ______

Flipchart, Boardmarker (Stifte testen)
❍ **ja** ❍ **nein** ❍ Anmerkungen: ______

Metaplantafeln
❍ **ja** ❍ **nein** ❍ Anmerkungen: ______

Moderatorenkoffer (Inhalt prüfen)
❍ **ja** ❍ **nein** ❍ Anmerkungen: ______

Präsentationstest: Alles abspielbar und gut erkennbar/lesbar
❍ **ja** ❍ **nein** ❍ Anmerkungen: ______

Sonstige Technik, zum Beispiel Licht, Sound:
❍ **ja** ❍ **nein** ❍ Anmerkungen: ______

Soundcheck, Lichtcheck: Tests wann und mit wem?
❍ **ja** ❍ **nein** ❍ Anmerkungen: ______

Technischer Support vor Ort (Wer, von wann bis wann und Standort):
❍ **ja** ❍ **nein** ❍ Anmerkungen: ______

Internationale Teilnehmer und/oder Speaker?
❍ **ja** ❍ **nein** ❍ Anmerkungen: ______

Besondere Betreuung für diese?
❍ **ja** ❍ **nein** ❍ Anmerkungen: ______

Über welche Fremdsprachenkenntnisse sollte das Veranstaltungspersonal verfügen?
❍ Anmerkungen: ______

Gegebenenfalls auch Übersetzer, Dolmetscherkabine etc.? (wenn ja, mit Probe!)
❍ **ja** ❍ **nein** ❍ Anmerkungen: ______

Tagungsgetränke, Pausenerfrischungen, Mittagessen etc.:
❍ **ja** ❍ **nein** ❍ Anmerkungen: ______

Service: Was ist bestellt und für wann?
❍ **ja** ❍ **nein** ❍ Anmerkungen: ______

Welcome-Erfrischungen?
❍ **ja** ❍ **nein** ❍ Anmerkungen: ______

Wann und wie häufig werden Getränke aufgefrischt?
❍ Anmerkungen: ______

Ausstattung Konferenzraum		
Erfrischungen im Veranstaltungsraum oder Pausenbereich?		
❍ **ja**	❍ **nein**	❍ Anmerkungen: ______
Mittagessen: Was, wann und wo? Separater Bereich, Tische etc. gewünscht?		
❍ **ja**	❍ **nein**	❍ Anmerkungen: ______
Eingehen auf besondere Wünsche und Anforderungen bezüglich Speisen und Getränken gewünscht/möglich?		
❍ **ja**	❍ **nein**	❍ Anmerkungen: ______
Veranstaltungsunterlagen		
Handouts und sonstiges Material wie Schreibblöcke, Stifte		
❍ **ja**	❍ **nein**	❍ Anmerkungen: ______
Namensschilder (mit Reserve-Blankos, Drucker)		
❍ **ja**	❍ **nein**	❍ Anmerkungen: ______
Erfolgsmessung, Feedbackbögen etc.?		
❍ **ja**	❍ **nein**	❍ Anmerkungen: ______
Kopieren vor Ort möglich? Kosten?		
❍ **ja**	❍ **nein**	❍ Anmerkungen: ______
Aktuelle Teilnehmerliste		
Besonderheiten zu den Teilnehmern (zum Beispiel Spätkommer, Frühgeher, besondere Anreden, körperliche Einschränkungen etc.)		
❍ **ja**	❍ **nein**	❍ Anmerkungen: ______
Besonderheiten (wie Geheimhaltungsauflagen, Umgang mit Mobiltelefonen, Nachrichten-Weitergabe, Sonderwünsche, Umgang mit Zusatzkosten etc.):		
❍ **ja**	❍ **nein**	❍ Anmerkungen: ______

2.6.9 Rahmenprogramm, Begleitveranstaltung

Soll Ihre Veranstaltung durch ein Rahmenprogramm aufgelockert und abgerundet werden? Bieten Sie für die jeweiligen Begleitpersonen Ihrer Teilnehmer ein Partnerprogramm an (früher hieß so etwas Damen-Programm)? Rahmenprogramme sollen Ihre Veranstaltung bereichern und einen aktiven Austausch zwischen den Teilnehmern ermöglichen. Gerade Teilnehmer, die den ganzen Tag im Vortragsraum saßen und mit wichtigen Informationen beschallt wurden, sollen so einen wohltuenden Gegenpol zur eigentlichen Veranstaltung erleben und die Möglichkeit haben, sich aktiv auszutauschen und zu kommunizieren. Vorsicht daher vor Rahmenprogrammen, die wiederum informationslastig sind. Nach einem ganzen Tag Wissensvermittlung sind Ihre Teilnehmer einfach nicht mehr in der Lage – und auch häufig nicht mehr willens –, noch weitere Informationen in Form von Zahlen, Daten oder Fakten aufzunehmen.

Ein gutes Rahmenprogramm kann die Attraktivität der gesamten Veranstaltung aus Sicht Ihrer Teilnehmer maßgeblich erhöhen und den Erinnerungsfaktor verstärken. Allerdings darf – neben Compliance-Richtlinien – auch der zusätzlich entstehende Kostenfaktor nicht außer Acht gelassen werden!

Mit sportlichen Aktivprogrammen sollte unbedingt sensibel umgegangen werden: Die Teilnahme an solchen Programmen muss absolut freiwillig sein, niemand darf sich durch Gruppenzwang zur Teilnahme genötigt fühlen. So würde Ihnen beispielsweise ein Teilnehmer mit Höhenangst einen Ausflug in den Hochseilgarten nie verzeihen – auch wenn Sie ihm erklären würden, dass er zu keiner Zeit in Gefahr schwebt ... Und es ist für Mitarbeiter schwierig, sich hier herauszureden und ihr Gesicht zu wahren, wenn der Chef begeisterter Freikletterer ist. Wenden Sie sich für Outdoor-Programme möglichst an Profis oder lassen Sie sich bei kleinem Budget selbst abwechslungsreiche und unterhaltsame Aktivitäten einfallen, die niemanden ausgrenzen oder blamieren. Ein Beispiel könnte eine Firmenolympiade sein, bei denen sich Ihre Teilnehmer beispielsweise aus fünf angebotenen Fun-Aktivitäten wie Kegeln, Tischtennis, Minigolf, Tischfußball und Mikado drei Disziplinen ihrer Wahl aussuchen und sich in diesen bewähren können.

Bieten Sie nach Möglichkeit zwei bis drei attraktive Rahmenprogramme zur Auswahl an, die der Persönlichkeitsvielfalt Ihrer Teilnehmer gerecht werden – also neben einem Sportprogramm beispielsweise ein Kultur- und ein Genussprogramm. Sollte nur ein Programm gewünscht oder möglich sein, wählen Sie eines aus, das möglichst niemanden ausgrenzt (siehe Zielgruppenscreening Kapitel 2.3). Spannend (als Gegenteil von langweilig) kann es werden, wenn Sie gekonnt mit den Erwartungen Ihrer Zielgruppe brechen!

33. Checkliste: Mögliche Rahmenprogramme

Auswahlmöglichkeiten	Passt zur Zielgruppe?	Kosten	Bemerkung
Stadtbesichtigung: • Historische Bauten • Bedeutende Gebäude (Börse, Kasino ...) • Berühmte Persönlichkeiten • Attraktive Plätze			
Ausflugsziele Umland: • Historisches • Einzigartiges • Regionale Besonderheiten (Berge, Meer, Hafen ...)			
Kultur (Kulturkalender prüfen): • Oper • Theater • Musikkonzerte • Museen • Ausstellungen • Musical			
Branchenhighlights: • Werksbesichtigung • Messen • Ausstellungen			
Shopping: • Besondere Geschäfte • Einkaufsstraßen (Marken, Preise) • Angebote (Werksverkauf)			
Sportliches: • Outdoor-Teambuilding • Bietet sich Einzigartiges an?			
Kulinarisches: • Verkostung regionaler Spezialitäten • Besichtigung von Produktionsbetrieben wie Schokoladenfabrik oder Käserei • Erlebnis-Gastronomie, bei der mitgewirkt werden kann			

Tipp

Versuchen Sie wo immer möglich, Ihren Teilnehmern etwas wirklich Neues und Maßgeschneidertes zu bieten – nichts von der Stange. Besucher empfinden Begleit- und Rahmenprogramme in der Regel als hochwertiger, wenn sich das Erlebnis in dieser Form nicht einfach kaufen lässt. Prüfen Sie daher, inwieweit es bei Ihrem Programm möglich ist, etwas ganz Besonderes zu bieten – beispielsweise in Form eines Blicks hinter die Kulissen im Theater.

2.7 Teilnehmermanagement, Teilnehmerkommunikation und Teilnehmerhandling

Was Teilnehmermanagement bedeutet und beinhaltet, hat die Hochschule Bad Honnef 2009 in ihrer *Studie Teilnehmermanagement* (an der sich 188 Eventagenturen beteiligt haben) auf den Punkt gebracht:

»Das Teilnehmermanagement umfasst sowohl die Erhebung, Verarbeitung, Verwaltung und quantitative Auswertung von veranstaltungsrelevanten Teilnehmerdaten als auch die Kommunikation mit den Teilnehmern. Es schließt weiterhin die Planung, Koordination und Kontrolle von sämtlichen Ressourcen und Aktivitäten ein, die den Teilnehmer einer Veranstaltung direkt betreffen. Teilnehmermanagement umfasst jegliche teilnehmerbezogene Maßnahme vor, während und nach der Veranstaltung.«

Diese Erläuterung lässt kaum noch Fragen offen, oder?

Die Kommunikation mit Ihren Teilnehmern besteht in der Regel aus drei Phasen:

- der Werbung/Kommunikation/Information in der Vorphase,
- Ihrer Veranstaltung selbst und
- im Idealfall auch aus einer Nachphase, um das positive Gefühl zu verstärken.

Um eine wirklich nachhaltige Wirkung zu erzielen, sollten sich alle drei Phasen – natürlich passend zur Zielgruppe und Ihrer Veranstaltung – interessant und einfallsreich vom Üblichen abheben. Leider wird in der Praxis die Vorphase recht einfallslos abgehandelt – in zu vielen Fällen entsteht beim Empfänger der Eindruck, als hielte er die Einladung der letzten Veranstaltung in den Händen und nur das Datum wäre angepasst worden – und die Nachphase fällt gänzlich unter den Tisch beziehungsweise wird gar nicht genutzt. Grundsätzlich sollte für die gesamte Teilnehmerkommunikation gelten, was in der folgenden Checkliste festgehalten ist.

34. Checkliste: Dos and Don'ts der Teilnehmerkommunikation

Zu beachtende Details	Okay?	Anmerkungen
Nehmen Sie bei der Planung Ihrer Teilnehmerkommunikation den Blickwinkel Ihrer Teilnehmer ein, um Fehlplanungen, unpassende Kommunikationswege etc. zu vermeiden.		
Stellen Sie sicher, dass Ihre Teilnehmerdaten und -anschriften aktuell und richtig sind. Sprechen Sie Ihre Teilnehmer korrekt an (schriftliche Anrede, mündliche Anrede, Namenszusätze, Titel etc.)!		
Stellen Sie sicher, dass sich Ihre Teilnehmer persönlich eingeladen fühlen!		
Welchen ersten Eindruck vermittelt Ihre Einladung? Positiv, persönlich? Dem Anlass/der Veranstaltung angemessen? Ihrem CD und Ihrer CI entsprechend?		
Lassen Sie sich beim Texten von Werbung, Einladungen etc. gegebenenfalls von Profis helfen.		
Lassen Sie die Wirkung von Werbung, Einladung etc. vor Versand möglichst von Vertretern Ihrer Zielgruppe prüfen.		
Seien Sie für Ihre Teilnehmer leicht und schnell erreichbar! Wählen Sie die zu Ihren Zielgruppen optimal passenden Kommunikationsformen und bereiten Sie möglichst viel vor (zum Beispiel Antwortformular, Landingpages etc.). Je einfacher Sie es den Empfängern machen, desto höher der Rücklauf.		
Welche Form von Nachfassaktion möchten Sie wählen: telefonisch, persönlich, postalisch, per E-Mail (Nachfassaktionen sind häufig erforderlich, um ausreichend Rückmeldungen zu erhalten)?		
Delegieren Sie die Erfassung und Verwaltung der Teilnehmerdaten? Dann nur an Mitarbeiter, die die nötige Sorgfalt walten lassen.		
Behalten Sie jederzeit den Überblick (beispielsweise über Buchungen/Umbuchungen, Rückgabe von Kontingenten, Logistik etc.). Dazu müssen Ihre Daten topaktuell und vor allem sorgfältig gepflegt sein!		
Welche Informationen/Daten Ihrer Teilnehmer benötigen Sie (zum Beispiel Geburtsdatum und Ausweisnummer bei Locations mit besonderen Sicherheitsvorgaben)? Fragen Sie diese gleich mit der Anmeldung ab, um unnötige Arbeitsschritte zu vermeiden.		
Seien Sie in der Vorphase erreichbar für die Fragen Ihrer Teilnehmer! Buchungswünsche, Fragen zur Anreise, Kleiderordnung oder zum Wetter am Veranstaltungsort – Teilnehmer haben viele Fragen. Bieten Sie je nach Zielgruppe und Veranstaltungsart eine eigene Veranstaltungsseite im Internet/Intranet, als Veranstaltungsapp oder Telefon-Hotline an.		
Nehmen Sie die Bedürfnisse und Wünsche Ihrer Teilnehmer ernst – auch und gerade wenn Sie nicht alle erfüllen können.		
Respektieren Sie die Compliance-Richtlinien Ihrer Teilnehmer. Oder würden Sie sich über eine Einladung zu einer Veranstaltung freuen, die Sie gar nicht besuchen dürfen oder selbst versteuern müssen?		

2.7.1 Kommunikation in der Vorphase

In der Vorphase werden die potenziellen Teilnehmer über die relevanten Veranstaltungsdetails informiert und zur Teilnahme motiviert – oder in Form eines sogenannten Safe-the-Date nur über den Termin informiert (und gegebenenfalls neugierig gemacht). Je nach Veranstaltungsart gehören zur Vorphase auch das Buchungsprozedere, die Rechnungsstellung und gegebenenfalls auch schon Inkassomaßnahmen.

Wählen Sie bei Veranstaltungswerbung und Einladung aus der ganzen Ihnen zur Verfügung stehende Palette (siehe auch Kapitel 2.7.2) die zu Ihrer Zielgruppe, Ihrem Budget und zu Ihrer Veranstaltung passenden Instrumente und Medien aus: von klassisch bis modern, von der persönlichen Ansprache bis hin zum Einsatz moderner Technik und Informationsdienste.

Entscheidend für die Gestaltung und die Ausführung ist, dass die Werbung für Ihre Veranstaltung und/oder die Einladung

- dem Image Ihres Unternehmens und Ihrer Veranstaltung entspricht,
- die Zielgruppe anspricht und rechtzeitig erreicht und
- Ihren potenziellen Teilnehmern Lust auf den Besuch Ihrer Veranstaltung macht.

Werbung und Einladung sind quasi die Visitenkarte Ihrer Veranstaltung. Produkt- oder Unternehmensstile wie ›modern‹, ›kreativ‹, ›exklusiv‹ sollten sich auch in Text und Aufmachung von Werbung und Einladung (und natürlich auch in der Veranstaltung selbst) widerspiegeln. Bleiben Sie jedoch unbedingt realistisch und ehrlich. Wecken Sie keine Erwartungen, die Sie dann bei Ihrer Veranstaltung nicht halten können oder wollen. Wenn der Teilnehmer Ihre Veranstaltung enttäuscht oder mit einem negativen Eindruck verlässt, werden Sie diesen Teilnehmer wohl kaum zur erneuten Teilnahme motivieren können.

Tipp

Deutlich zu wenig Beachtung finden Bezeichnung/Name/Titel von Veranstaltungen! Ein gut gewählter Titel weckt Interesse und Neugierde und hat starken Einfluss auf die Erwartungshaltung Ihrer Teilnehmer. Von welchem Veranstaltungstitel würden Sie sich stärker angesprochen fühlen: ›21. Ball der deutschen Bauinnung‹ oder ›Eine Nacht in Paris‹? Beides könnte der Titel ein und derselben Veranstaltung sein!

2.7.2 Veranstaltungswerbung

Zahlreiche Veranstaltungen werden heute aktiv beworben – beispielsweise um die erforderliche Teilnehmerzahl zu erreichen (Kartenverkauf) und damit die Veranstaltung kostendeckend stattfinden lassen zu können. Sollte dies bei Ihrer Veranstaltung der Fall sein, klären Sie möglichst frühzeitig:

35. Arbeitshilfe: Veranstaltungswerbung

Was?	Anmerkungen	Noch zu klären
Veranstaltungswerbung: • Wie? • Wann? und • Wie häufig? (einmalig oder mehrstufig)		
Welche Medien nutzt Ihre Zielgruppe?		
In welchen Medien möchten Sie werben? • ab wann • und wie? (Anzeige oder redaktionell?)		
Klassische Methoden, zum Beispiel: • Zeitungen • Fachzeitschriften • (regionales) Radio • (regionales) TV • Schreiben, Flyer etc. • Plakatierung • Verteilaktionen • …		
Weitere Instrumente, wie: • Social Web • Homepage • Blogs • …		
Welche Highlights, welche Erlebnisse möchten Sie bei Ihrer Werbung in den Mittelpunkt stellen? Welche Gefühle erzeugen?		

Tipp

Testen Sie Ihre Veranstaltungswerbung und Einladung im Vorfeld! Befragen Sie beispielsweise einen Ihrem Zielgruppenprofil entsprechenden Test-Personenkreis (sorgfältig auswählen – es versteht sich von selbst, dass es keinen Sinn macht, Personen zu befragen, die befangen sind!),

- ob sich dieser durch die Veranstaltungswerbung angesprochen und angezogen fühlt,
- ob die Einladung Interesse weckt und zur Teilnahme motiviert und
- welche Inhalte und Details eher als langweilig oder schwerfällig empfunden werden oder wo die Leser aussteigen.

Denn wenn sich bereits die Test-Zielgruppe nicht angesprochen fühlt, werden Sie Ihre tatsächliche Zielgruppe vermutlich ebenfalls nicht zur Teilnahme motivieren!

2.7.3 Einladung und Antwortformular

Über die Einladung und über die Vorankündigung Ihrer Veranstaltung findet in jedem Falle eine – geplante oder ungewollte – Selektion der Teilnehmer statt.

Ungeladene oder unerwünschte Gäste könnten Sie über eine Einlasskontrolle am Mitfeiern hindern, wenn sich aber die anvisierte Zielgruppe gar nicht erst angesprochen fühlt beziehungsweise nicht oder zu spät erreicht wurde, kann dies bei der Veranstaltung nicht mehr korrigiert werden.

Je nach Zielgruppe, Art der Veranstaltung und Form der Einladung sollte der Versand etwa sechs Wochen vor Veranstaltungstermin erfolgen. Mit der Veranstaltungswerbung sollten Sie wesentlich früher beginnen (bei Seminarveranstaltungen oder Konzerten ist ein Jahr Werbephase keine Seltenheit), vor allem wenn sich Ihre Veranstaltung über Kartenverkauf finanzieren soll.

Da Prominente, Politiker, VIPs und Führungskräfte etc. meist sehr langfristig verplant sind, sollten Sie diese, sobald Ihr Veranstaltungstermin feststeht, bereits über eine Vorankündigung, beispielsweise in Form eines Safe-the-date-Terminblockers über den Termin Ihrer Veranstaltung informieren.

Was gehört in Ihre Einladung? (anpassen auf Ihre Zielgruppe und Ihre Veranstaltungsart)

36. Arbeitshilfe: Einladung

Inhalt	Bemerkung	Noch zu klären
Wer lädt ein und wozu?		
Veranstaltungstitel/Motto		
Highlights aus dem Inhalt (gegebenenfalls Ablauf, Tagesordnung, Programm)		
Datum		
Veranstaltungszeiten (Beginn und gegebenenfalls auch voraussichtliches Veranstaltungsende)		
Veranstaltungsstätte (mit für Navigationssysteme erkennbarer Anschrift)		
Anfahrtsbeschreibung (vorher testen!) – für Pkw (mit Parkmöglichkeiten) und öffentliche Verkehrsmittel (gegebenenfalls maximale Endzeiten)		
Anmeldefrist (in der Regel innerhalb von 14 Tagen)		
Ist die Einladung persönlich bestimmt oder übertragbar?		
Mitnahme von Begleitperson(en) und eventuell auch Kindern (Alter?) möglich?		
Rahmenprogramm (eventuell mehrere zur Auswahl)		
Partnerprogramm		
Eventuell Dresscode (Bekleidungshinweis); Tipp: möglichst verständlich formulieren!		
Je nach Art und Anlass der Veranstaltung gegebenenfalls Geschenkhinweise, Spendenhinweis etc.		
Hinweise zu Übernachtungsmöglichkeiten		
Vorbereitetes Antwortformular		
Sofern Sie mit diesen Informationen werben möchten: Namen des/der Referenten, Moderators, VIPs oder Nennung der Schirmherrschaft		
Besonders wichtig: Ansprechpartner mit Telefonnummer/ E-Mail für alle organisatorischen und inhaltlichen Fragen!		
Gegebenenfalls Hinweis auf Veranstaltungshomepage, Hotline, App etc.		

Tipp

Bezeichnungen wie ›smart casual‹, ›business casual‹, ›casual chic‹ oder auch freie Interpretationen wie ›dress to impress‹ erfreuen sich auf Einladungen heute großer Beliebtheit. Allerdings führen diese Bezeichnungen – da sie nicht allgemeingültig definiert sind – zu Verwirrung, Rückfragen oder im unangenehmsten Falle sogar dazu, dass sich Ihr Gast auf der Veranstaltung nicht wohl, sondern ›overstyled‹ oder ›understyled‹ fühlt. Verwenden Sie daher möglichst Begriffe und Vorgaben, die Ihre Zielgruppe auch versteht.

37. Arbeitshilfe: Auswahl der gängigen Bekleidungsformen mit Übersetzung und Interpretation

Dresscode	Interpretation/ Übersetzung	Interpretation
white tie, cravate blanche	Großer Gesellschaftsanzug, seriös, festlich, formal	**Herren:** Frack (schwarz oder mitternachtsblau) – Frack-Jacke mit Schwalbenschwänzchen am Rückenteil, Frack-Hose, Frack-Hemd mit (einfacher) Manschette, Frack-Weste und weißer Fliege (beim Frack trägt nur das Personal eine schwarze Fliege zur Unterscheidung) **Damen:** langes, festliches Abendkleid
cutaway (bis 17:00 Uhr)	Formaler Tagesanzug, Gesellschaftsanzug für formelle und festliche Anlässe (zum Beispiel Hochzeiten oder auch Trauerfeiern)	**Herren:** schwarzes oder anthrazitgraues (einreihiges) Jackett, Weste (üblicherweise hellgrau, bei Trauerfeiern dunkel), schwarz-grau gestreifte Hose, weißes Hemd mit Umschlagmanschette, Krawatte (üblicherweise silbergrau, bei Trauerfeiern schwarz), schwarze Schuhe **Damen:** Cocktailkleid oder auch ein Abendkleid
black tie (ab 18:00 Uhr), cravate noire	Kleiner Gesellschaftsanzug, seriös, festlich, formal	(britisch: Dinner-Jackett, amerikanisch: Tuxedo) **Herren:** Smoking (schwarz oder mitternachtsblau) ein- oder zweireihig, weißes Smokinghemd mit Umschlagmanschette, schwarzer Fliege oder Krawatte, bei einreihigem Smoking: Hosenbund verdeckt durch geschlossene Weste oder Kummerbund (bei zweireihigem ohne, da dieser stets geschlossen bleibt) **Damen:** langes Abendkleid (schulterfrei möglich) gegebenenfalls mit Stola oder Abendjäckchen
evening dress, evening attire	Abendgarderobe	**Herren:** Dunkler Anzug mit Krawatte **Damen:** Cocktailkleid
business wear, business attire	Büro-/ Geschäftskleidung	**Herren:** (dunkler) Business-Anzug, Krawatte **Damen:** Hosenanzug, klassisches Kostüm oder auch Etuikleid mit Blazer **Beide:** Dezente Farben – je festlicher der Anlass und je höher die Hierarchieebene, desto dunkler die Kleidung

Dresscode	Interpretation/ Übersetzung	Interpretation
business casual	Legeres Business-Outfit/Legere Bürokleidung	Der Übergang zu smart casual ist fließend, eine offizielle Abgrenzung gibt es nicht. In der Regel ist damit die klassische Bürokleidung gemeint, bei der der **Herr** die Krawatte und gegebenenfalls auch das Jackett ablegen darf. **Damen:** Hosenanzug oder Kostüm mit feinem Pullover oder Shirt oder Etuikleid
smart casual	Legeres Business-Outfit/Legere Geschäftskleidung	**Herren:** Tages-Business-Anzug mit Hemd oder Stoffhose mit Polohemd und Sakko, geschlossene Schuhe, Krawatte darf abgelegt werden (in konservativen Branchen/Unternehmen keine Jeans!) **Damen:** Hosenanzug, Kostüm/Rock mit Bluse, Twinset oder auch T-Shirt, Etuikleid **Beide:** Dezente Farben
creative casual	Das smart casual der kreativen Branchen	**Herren:** feiner Rollkragenpullover, Hemd, Poloshirt oder auch T-Shirt mit Sakko, Jeans, Cord- oder Stoffhose, geschlossene Schuhe oder auch Sneakers **Damen:** Twinset, Pullover, Bluse, T-Shirt oder auch Top mit Rock oder langer Hose, Etuikleid. **Beide:** Etwas stylischer, mutiger als smart casual
casual chic	Sportlich-elegante Kleidung	Kombination aus sportlicher/legerer und eleganter Kleidung.
casual Friday	Legerer Freitag/legere, sportliche, hochwertige (!) Kleidung	**Herren:** Jackett/Sakko oder Button-down-Hemd und gegebenenfalls hochwertiger Pullover – jeweils ohne Krawatte – und Stoffhose oder auch Jeans in sehr gutem Zustand **Damen:** Hosenanzug oder Kostüm auch mit Twinset, Shirt oder Top möglich, lange Hose mit Bluse, Etuikleid. **Beide:** Etwas legerer als business wear

Bei Bedarf finden Sie weitere Erläuterungen im Internet beispielsweise unter *www.knigge.de* oder natürlich auch bei Wikipedia.

Tipp

Bei allen geschäftlichen Anlässen und Firmenveranstaltungen gilt: Anlass und Unternehmensstil bestimmen die Kleidung! In jedem Falle gilt, dass die Kleidung topgepflegt und in sehr gutem Zustand (auch Schuhe!) sein muss.

Für Herren: Bei Hosen ist die richtige Beinlänge wichtig. Dezente Socken (keine Tennissocken) sollten so lang sein, dass sie keinen Blick aufs nackte Bein gewähren; gepflegte Frisur und gepflegter Bart oder ordentliche Rasur ist Pflicht. Düfte dezent einsetzen.

Für Damen: Röcke nicht zu kurz, Dekolleté nicht zu tief, Absätze nicht zu hoch – Auftreten eben möglichst nicht aufreizend. Auch im Sommer Feinstrumpfhosen tragen. Make-up, Düfte und Schmuck: Dem Anlass entsprechend, lieber nicht zu viel, zu schwer. Gepflegte Frisur, Hände, Fingernägel.

Das Antwortformular

Generell gilt: Ein vorbereitetes Antwortformular sollte möglichst schnell, einfach und anwenderfreundlich gestaltet sein – nicht zuletzt um Flüchtigkeitsfehlern vorzubeugen. Außerdem sollten alle Informationen abgefragt werden, die Sie für Ihre weitere Veranstaltungsplanung benötigen. Vermeiden Sie Kettensätze und doppelte Verneinungen, wie zum Beispiel ›Kann an der Veranstaltung nicht teilnehmen: ja/nein‹).

Legen Sie fest, wie die Antwort erfolgen soll – beispielsweise als:

Antwort per	Hinweis
Postkarte	Nutzen Sie eventuell die Variante ›Gebühr bezahlt Empfänger‹.
Telefax	Zum einfacheren Versand drucken Sie die Empfänger-Fax-Nummer auf die Formular-Rückseite.
Online-Tool oder **Formular**	Nutzen Sie Online-Tools nur, wenn Sie sicher sind, dass die Einladungsempfänger diese auch nutzen können und dürfen.
Anruf	Vermerken Sie auf der Einladung ›Antwort erbeten bis (Datum) an (Name) unter (Telefonnummer)‹ und stellen Sie sicher, dass alle für Sie relevanten Daten abgefragt werden!

Was gehört in Ihr Antwortformular (Passend zur Zielgruppe und Veranstaltungsart)?

38. Arbeitshilfe: Antwortformular

Inhalt	Ihre Anmerkungen	Noch zu klären
Anmeldefrist		
Teilnahme (ja/nein)		
Name (eventuell auch Titel, Anrede)		
Firma, Position, Anschrift		
Wie erreichbar? • Telefonnummer • Mobilnummer • E-Mail-Adresse		
Besondere Hinweise an die Organisation? Hier können die Teilnehmer Hinweise wie Allergien, Unverträglichkeiten, besondere Bedürfnisse etc. angeben		
Ansprechpartner von Ihrer Seite bei organisatorischen und inhaltlichen Fragen mit Telefonnummer und E-Mail-Adresse		
Je nach Teilnehmer(n) eventuell auch: • Ich komme mit Fahrer • Abholungswunsch (Zeit, Ort erfragen) • Ich nutze den Shuttle-Service		
Name(n) Begleitperson(en) Teilnahme am Partnerprogramm?		
Teilnahme am Rahmenprogramm? Bei mehreren Programmen gegebenenfalls bereits zur Auswahl angeben; bei Kindern möglichst Alter erfragen, um den Bedürfnissen gerecht werden zu können		
Falls der Teilnehmer verhindert sein sollte und Sie diese Angabe wünschen: ›Ich werde vertreten durch xx‹		

Aus diesen Daten können Sie dann Ihre Teilnehmerliste generieren, beispielsweise so:

Nachname	Vorname	Begleitperson(en)	ggf. Bemerkung	Unterschrift

TIPP

Ihre Liste zur Teilnehmererfassung sollte einfach und vor allem praktikabel sein. Fragen Sie nur die Informationen ab, die Sie tatsächlich benötigen (zum Beispiel Unterschrift bei Ärztefortbildungen) und die der Teilnehmer auch beantworten kann (zum Beispiel ›Eingeladen durch ...‹, ›Betreut von ...‹).

2.7.4 Teilnehmerkommunikation, Teilnehmerinformation

Der Zeit- und Personalaufwand für die Kommunikation mit den Teilnehmern vor, während und nach der Veranstaltung wird in der Praxis häufig weit unterschätzt:

- Zielgruppengerechte Ansprache bei Einladungen,
- Kontrolle der Rückläufe,
- Nachfassaktionen,
- Buchungen und Umbuchungen,
- kompetente und umfassende Betreuung vor Ort,
- bis hin zu den Informationen im Nachgang an die Veranstaltung

wollen passend, richtig und zum rechten Zeitpunkt geplant, vorbereitet und durchgeführt sein. Ihre Teilnehmer wollen und sollen sich von Anfang bis Ende perfekt betreut und umsorgt fühlen.

Wie möchten Sie Ihre registrierten Teilnehmer in der Vorphase und während der Veranstaltung informieren, wie möchten Sie mit diesen kommunizieren? Schon durch Ihre Auswahl der Kommunikationsform und -medien können Sie beispielsweise auch Signale wie ›Wir sind modern, am Puls der Zeit, offen, informativ‹ senden! Gibt es Personengruppen, die Ihre Veranstaltung nicht besuchen können und dennoch Live-Eindrücke miterleben sollen? Die Technik bietet heute unglaublich viele Möglichkeiten, mit Menschen in Kontakt zu treten, egal wo sich diese gerade befinden.

Kommt es für Sie, Ihre Zielgruppe und Ihre Veranstaltung beispielsweise infrage,

- Update-Mails oder News-SMS,
- Veranstaltungsapps,
- Live-Mitschnitte,
- Live-Zuschaltungen,
- Social-Media-Plattformen oder
- Just-in-time-Interaktionen zwischen Referenten und Teilnehmern/ Zuhörern

in Ihr Veranstaltungskonzept einzubinden? Spannende Themen, die für Sie als Veranstalter zusätzlichen Aufwand bedeuten – aber auch vieles bewegen und vereinfachen können!

2.7.5 Teilnehmerhandling: Anreise, Hotelbuchung, Rechnungsstellung

Was müssen, was möchten Sie als Veranstalter übernehmen? Was sollen, was können die Teilnehmer selbst erledigen? Was ist zumutbar? Dies wird sich bei Ihrer Veranstaltung vermutlich auch nach Faktoren wie Alter, Status, Nationalität richten. Wie lief es bisher? Soll es (deshalb) weiter so gehandhabt werden? Waren Sie als Veranstaltungsmanager damit zufrieden? Waren es die Teilnehmer?

Bei durchaus nicht jeder Veranstaltung ist es erforderlich, den Teilnehmern die Reise- und/oder Hotelbuchung abzunehmen. Gegebenenfalls können Sie auch bei einer festgelegten Auswahl (zum Beispiel hinsichtlich Preis, Lage, Erreichbarkeit) an Hotelpartnern feste Abrufkontingente anbieten, bei denen die Teilnehmer innerhalb bestimmter Fristen ihre Buchungen direkt vornehmen können. Besprechen Sie dies möglichst zeitnah nach Planungsbeginn mit Ihrem Auftraggeber und treffen Sie eine Grundsatzentscheidung. Denn Aufgaben wie Reise-, Hotel- und Shuttlebuchungen – und die sich daran anschließenden Umbuchungen und Stornos, Rechnungsstellung und Inkasso – sind echte Stundenfresser und müssen bei Ihrer Kapazitäts- und Aufgabenplanung unbedingt berücksichtigt werden!

Natürlich haben Sie alternativ auch die Möglichkeit, das Reise- und Hotelmanagement an Reisebüros oder an lokale DMCs (Destination Management Companies) auszulagern, die zu festgelegten Terminen den Buchungsstand an Sie berichten.

Rechnungsstellung und Inkasso können Sie ebenfalls an externe Partner vergeben oder aber bei interner Abwicklung zumindest mit entsprechender Tagungsplanungssoftware deutlich vereinfachen.

Grundsätzlich sollte bei allen Arbeitsschritten, bei denen Ihre Leistung vom Teilnehmer nicht als besonderer Service wahrgenommen wird (also bei denen Sie nur zwischengeschaltet sind und die erhaltenen Informationen wiederum weitergeben), geprüft werden, ob Sie diese tatsächlich selbst übernehmen müssen oder auf die externen Partner auslagern können – zumal dies häufig noch nicht einmal zusätzliche Kosten mit sich bringt!

Tipp

Wenn Sie Leistungen wie Anreisemanagement, Hotelreservierung/-buchung selbst anbieten, sollten diese professionell und komfortabel für die Teilnehmer organisiert sein (also keine langen Transfers, Wartezeiten beim Check-in etc.)!

2.7.6 Die Kommunikation während der Veranstaltung fördern

Wer kennt sie nicht, die Tagesveranstaltung mit informativer Beschallung im parlamentarisch bestuhlten Saal? Ein Redenbeitrag löst den anderen ab, die Teilnehmer sehen den ganzen Tag über vorwiegend die Hinterköpfe der vor ihnen sitzenden Teilnehmer sowie den gerade vortragenden Redner auf der Bühne (meist unterstützt von viel PowerPoint). Der Teilnehmer hat gerade mal die Möglichkeit, kurze Anmerkungen an die Person links oder rechts zu raunen, bis von irgendwo ein ›Psssst!‹ ertönt. Nur in den – schon für Toilettengang, Kaffee, E-Mail-Check häufig knapp bemessenen – Pausen bleiben vielleicht ein paar Minuten Zeit für eine kurze Unterhaltung mit anderen Teilnehmern. Wenn auf diesen Tagesablauf noch eine Abendveranstaltung folgt, bei der die Teilnehmer in Bankett-Bestuhlung an runden Achter- oder Zehner-Tischen gesetzt werden, folgt sogleich der nächste Kommunikations-Knock-out: Durch Reden, Musik-, Beschallungs- oder Raumlautstärke und den – obligatorisch – üppigen Tischschmuck ist wiederum nur eine Unterhaltung mit ein bis zwei Personen links oder rechts möglich.

Kein Veranstalter darf in solchen Fällen über ein gelangweiltes oder gar negatives Teilnehmer-Feedback verwundert sein. Dem Teilnehmer wurde das vorenthalten, was ihm wichtig war: Kommunikation!

Wichtig! Die Bedeutung der Kommunikation Ihrer Teilnehmer untereinander während der Veranstaltung kann gar nicht genug betont werden – für viele Teilnehmer ist dies überhaupt der Grund, um eine Veranstaltung zu besuchen (noch vor Information, guter Unterhaltung oder Verköstigung).

Was jedoch bei der Veranstaltungsplanung, Ermittlung der benötigten Raumgröße etc. häufig nicht bedacht wird, ist die Notwendigkeit der Auswahl der richtigen, passenden Bestuhlungsform durch den Veranstalter. Die Bestuhlungsform kann die Kommunikation der Teilnehmer untereinander maßgeblich fördern oder auch verhindern!

Generell gilt: Je besser der Blickkontakt der Teilnehmer untereinander und je direkter und barrierefreier der Kontakt zum Referenten, desto wacher und aktiver sind die Teilnehmer.

Verzichten Sie nach Möglichkeit auf
- lange PowerPoint-Präsentationen,
- längere abgedunkelte Veranstaltungsphasen,
- dauerhafte einseitige Sitzrichtung der Teilnehmer (wenn möglich durch aktive Veranstaltungsphasen wie Workshops auflockern) und
- Sitzplätze mit schlechter Sicht/Beschallung (gerade bei Bankett-Bestuhlung passiert dies häufig).

Fördern Sie Interaktionsmöglichkeiten zwischen Teilnehmern und Speakern. Falls bei Ihrer Veranstaltung Reihenbestuhlung notwendig sein sollte, achten Sie besonders auf großzügig bemessene Aktivpausen, Diskussionsrunden etc.

Tipp

Denken Sie daran: Auch bei kreativen Veranstaltungskonzepten und Bestuhlungsvarianten sind die Vorgaben der Versammlungsstättenverordnung (siehe auch Kapitel 2.5.2) zu Teilnehmersicherheit, Fluchtwegen etc. unbedingt einzuhalten.

39. Übersicht: Gängige Bestuhlungsvarianten

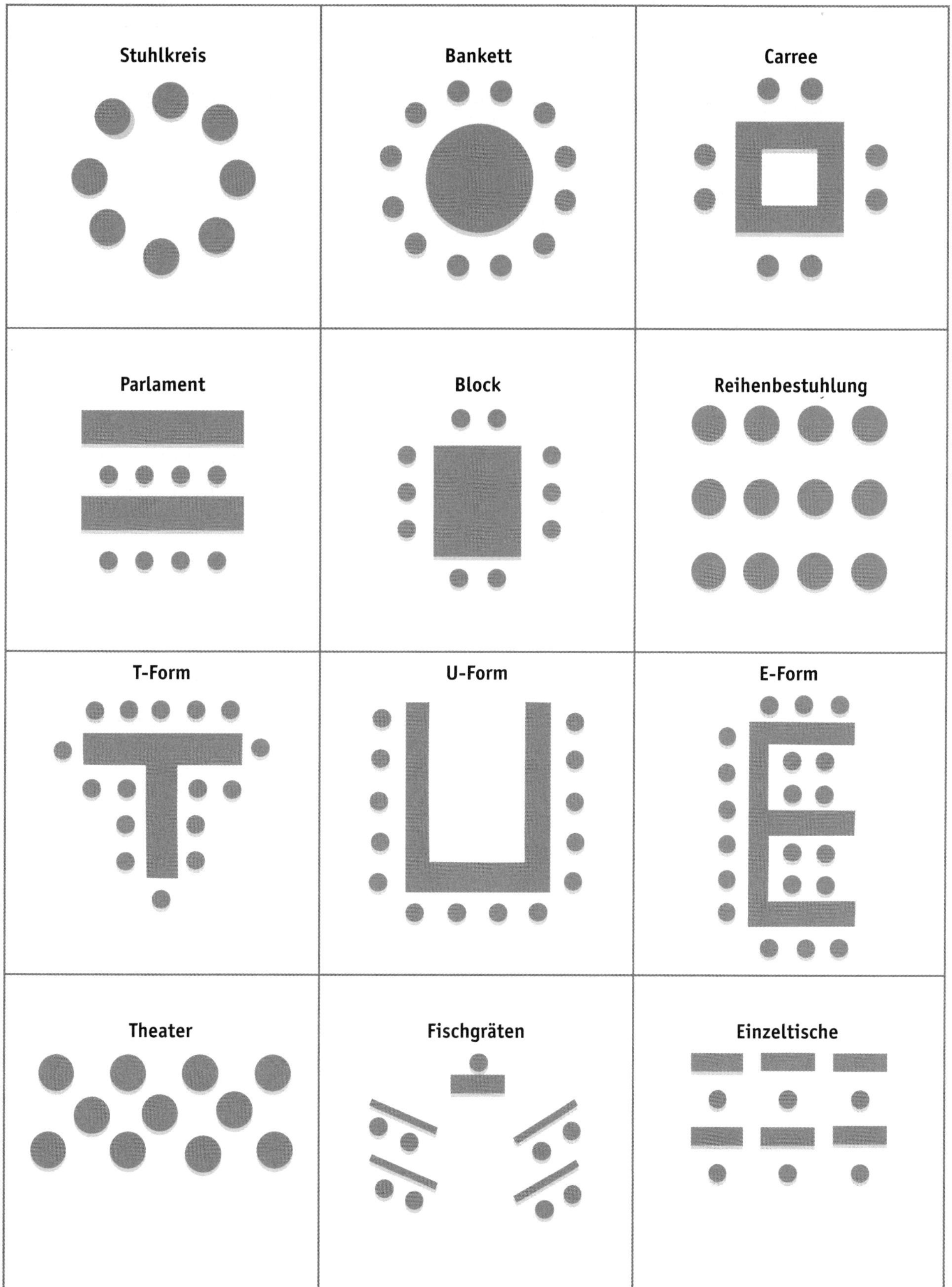

2.7.7 Die Kommunikationsnachphase

Mit der Nachphase ist eine nachträgliche Erinnerung (englisch Reminder) an Ihre Veranstaltung und/oder die vermittelten Inhalte und Informationen gemeint. Damit stellen Sie einen nachhaltigen Bezug zwischen den Teilnehmern und Ihrer Veranstaltung her und verankern die positiven Eindrücke.

Bieten Sie beispielsweise Ihrem Teilnehmer ergänzend und zum Dank für seine aktive Teilnahme Folgendes an:

- eine Zusammenfassung wichtiger Diskussionspunkte,
- eine Fotodokumentation der Charts oder der Gruppenarbeiten,
- den Zugang zu einer passwortgeschützten Bildergalerie der Veranstaltung zum Download der eigenen (!) Fotos (Einwilligung einholen!),
- die Sterne-Koch-Rezepte der gereichten Speisen, Cocktails etc.,
- ein Webinar zwecks Austausch mit dem Referenten/Speaker für Praxisfragen, die im Nachgang an die Veranstaltung entstanden sind.

Die Möglichkeiten für eine individuelle und Nutzen stiftende Kommunikation im Nachgang an die Veranstaltung sind so individuell wie Ihre Veranstaltungsarten und Zielgruppe(n).

In jedem Falle kann eine solche nachträgliche Kommunikation

- die Wirkung Ihrer Veranstaltung maßgeblich positiv beeinflussen,
- den Erinnerungseffekt verstärken,
- sich besonders positiv auf das Empfehlungsverhalten Ihrer Teilnehmer gegenüber Dritten auswirken,
- die Freude auf und Teilnahme an Folgeveranstaltungen deutlich und messbar erhöhen!

Die Kommunikation in der Veranstaltungsnachphase wird damit zum perfekten Instrument, um bereits für Ihre Folgeveranstaltung(en) zu werben!

2.7.8 Schnell-Check Teilnehmerkommunikation und -handling:

40. Checkliste: Teilnehmerkommunikation/-handling

Kommunikation und Handling	Ja	Nein	Ihre Anmerkungen
Können Sie die Teilnehmer dazu motivieren, arbeitsintensive Bausteine des Teilnehmerhandlings (Anmeldung, Reise- und Übernachtungsbuchung, Umbuchungen, Stornierungen etc.) selbst/direkt vorzunehmen?			
Wie können Sie den Teilnehmern diese Arbeitsschritte erleichtern? (gegebenenfalls mit welchen Tools)			
Haben Sie alle Kommunikationsschritte (wann hat der Teilnehmer welchen Informationsbedarf) mit den dazu passenden Kommunikationskanälen geplant?			
Wissen Ihre Teilnehmer, was als nächstes passiert (aktiv informieren oder nachlesen lassen)?			
Müssen während der Veranstaltung zahlreiche Fakten und nüchterne Informationen vermittelt werden?			
Wie werden diese möglichst interessant, lebendig und abwechslungsreich – beispielsweise durch Podiumsdiskussionen, Frage-Antwort-Runden oder die Einbindung von Multimedia-Technik aufbereitet?			
Bieten Sie Zeit und Raum für die Kommunikation der Teilnehmer untereinander? (Wie, wann und wie häufig?)			
Staus, Schlangen und Engpässe: Werden die klassischen Stau-Situationen (Registrierung, Ausgabe der Namensschilder, Tagungsunterlagen etc.) entzerrt? Mit welchen Mitteln?			
Stellen Sie eine besonders positive, sympathische Atmosphäre bei Veranstaltungsbeginn und -ende her?			

2.8 Planung und Prüfung des Veranstaltungsablaufs, Check Verbesserungsbedarf

Widmen Sie sich – falls möglich im Team – einer sorgfältigen Prüfung Ihres geplanten Veranstaltungsablaufs inklusive aller Stationen und Details, sowohl aus Ihrem Blickwinkel, also aus Sicht des Veranstalters, als auch aus Sicht Ihrer Teilnehmer, und erstellen Sie daraus Ihren Ablaufplan in tabellarischer Form.

Durch einen tabellarischen Ablaufplan ist für die an der Veranstaltung Mitwirkenden (Ihr Team, Ihre Erfüllungsgehilfen vor Ort, externe Dienstleister) jederzeit schnell und einfach erkennbar,

- wann und
- wo
- was passiert und
- wer wofür zuständig ist!

41. Arbeitshilfe: Muster eines Ablaufplans

Startzeit	Endzeit	Ort, Gebäude, Raum	Zu erledigende Aufgaben, Tätigkeiten	Verantwortlich

Tipp

Erstellen Sie Ihren Ablaufplan mit sämtlichen zu erledigenden Aufgaben und Arbeitsschritten (To-dos), klarer Aufgabenverteilung/klaren Zuständigkeiten und detaillierter Zeitplanung. Je nach Programmpunkt arbeiten Sie mit einem festen Zeitpunkt oder der jeweiligen Dauer der Aktion. Prüfen Sie für alle sensiblen und/oder risikoträchtigen Bereiche Ihre Plan B-Vorsorge (siehe auch Kapitel 2.9)!

2.8.1 Planung und Prüfung des Veranstaltungsablaufs

42. Checkliste: Ablauf aus Veranstaltersicht

Zu klärende Details	Okay?	Ihre Anmerkungen
Planen Sie alle bei der Veranstaltung erforderlichen Schritte der Gäste, also zum Beispiel: • Ankunft der Gäste • Check-in/Registrierung • Garderobe etc.		
Berücksichtigen Sie alle Vorbereitungs- und Arbeitsschritte der externen Gewerke. Zahlreiche Arbeitsschritte bauen aufeinander auf (erst wenn die Tische im Saal aufgestellt wurden, können diese eingedeckt und dekoriert werden, erst danach Tischnummerierung und Platzkärtchen etc.).		
Listen Sie alle Programmpunkte einzeln auf.		
Planen Sie um die einzelnen Programmpunkte herum: Welche Vorarbeit ist für den jeweiligen Programmpunkt notwendig? Welche Nacharbeit zieht dieser nach sich?		
Planen Sie den tatsächlichen Zeitbedarf des jeweiligen Programmpunktes sowie einen Puffer (beispielsweise für Applaus, Bühnenwechsel, Raumwechsel, Dank/Verabschiedung etc.), damit sich nicht die vielen kleinen Verzögerungen zu ernsthaften Verspätungen summieren.		

Prüfen Sie nun den soeben erstellen kompletten Ablauf der Veranstaltung (also von Eintreffen, Begrüßung etc. ... bis Verabschiedung, Verlassen der Location) aus Sicht Ihrer Teilnehmer und mit Blick auf deren Bedürfnisse:

43. Checkliste: Ablauf aus Teilnehmersicht

Zu klärende Details	Okay	Ihre Anmerkungen
Welchen ersten Eindruck erhalten die Teilnehmer durch Location, Begrüßung, Personal, Dekoration etc.? Welchen möchten Sie vermitteln?		
Wie finden sich die Teilnehmer zurecht, zum Beispiel: • Tiefgarage/Parkplatz – Weg zum Ort der Veranstaltung • Garderobe • Toilette • Kaffeestationen, Pausenerfrischung • Tagungsraum • Raumwechsel – Workshop-Räume		
Wie viel Zeit benötigen Ihre Teilnehmer für die Wege, an den jeweiligen Stationen etc.? (nicht raten, prüfen! gegebenenfalls wieder mit Puffern arbeiten)		
Wo sehen Sie Längen (in Präsentationen, Reden) und/oder Wiederholungen, Dopplungen (zum Beispiel mehrere Reden nacheinander)?		
Pausenbedarf berücksichtigt? (möglichst alle 60, spätestens alle 90 Minuten)		
Kommunikationsbedarf: Werden Sie diesem gerecht?		
Informationsbedarf der Teilnehmer (bereits Bekanntes langweilt, Unverständliches verärgert)		
Ende – der letzte Eindruck – motivierender Abschluss		

Tipp

Um sich im Ablaufplan einfacher zurechtzufinden, füge ich noch eine Positionsspalte ein. Denn Sie erkennen bereits anhand des kleinen Ausschnitts aus einem Veranstaltungsablauf im folgenden Beispiel, dass während einer Veranstaltung zur selben Zeit mehrere Tätigkeiten parallel ausgeführt werden können. Somit reicht die Uhrzeit alleine nicht aus, um sich im Auflaufplan schnell und sicher zurechtzufinden.

44. Muster eines Ablaufplans am Beispiel einer Abendveranstaltung (Auszug Zeitfenster 17:15 bis 19:15 Uhr):

Position	Startzeit	Endzeit	Gebäude, Raum	zu erledigende Aufgaben, Tätigkeiten	Verantwortlich*
...	...	...	...	...	...
17	17:15	18:30	Saal	Technikcheck, Soundcheck	Technik-Support, HK*
18	17:30	18:00	Foyer	Eintreffen Hostessen, Briefing, Umziehen	Hostessen-agentur, JV*
19	17:30	18:00	Foyer	Eintreffen Servicepersonal, Briefing, Umziehen	Caterer, SG*
20	18:00		Saal	Check Hauptsaal	JK*
21	18:10		Saal	Check Bühne	JK*
22	18:25	18:35	Küche	Vorbereitung Sektempfang	Caterer, SG*
23	18:40	18:45	Küche	Aufstellen Servicepersonal mit Tabletts mit Sektgläsern	Caterer, SG*
24	18:45		Foyer	Beginn Sektempfang	Caterer, SG*
25	19:00		Foyer	Öffnen Saaltüren	Hostessen 1, 2, SG*
26	19:00		Saal/Bühne	Beginn Band	Band, HK*
27	19:00	19:10	Saal	Hostessen helfen Gästen bei Tischwahl und Platzsuche	Hostessen 1–3
28	19:05		Foyer	Hostessen bitten verbleibende Gäste vom Foyer in den Saal	Hostessen 4, 5, SG*
29	19:10		Foyer	Schließen Saaltüren	Hostessen 4, 5, SG*
30	19:15	19:25	Saal/Bühne	Begrüßungsrede Vorstand AL	JK*
...	...	...	...	...	...

* Externer Partner und Kurzzeichen des verantwortlichen Mitarbeiters Ihres Orgateams (also wer erledigt die Aufgabe und wer überwacht/kontrolliert/steuert).

Tipp

Verteilen Sie den Ablaufplan erst beim Briefing und der gemeinsamen Begehung vor Ort unmittelbar vor Veranstaltungsbeginn! Ein vorzeitiger Versand führt nur zu zahlreichen Änderungen und Updates – und im ungünstigsten Falle haben dann nicht alle Mitarbeiter die aktuelle Version dabei.

Gehen Sie beim Teambriefing vor Veranstaltungsbeginn den Ablauf der Veranstaltung im Ganzen gemeinsam durch und besprechen Sie dann detailliert die einzelnen Aufgaben/Tätigkeiten, Einsatzorte der jeweiligen Mitarbeiter und weisen Sie darauf hin, dass die angegebenen Einsatzzeiten für alle verbindlich sind. Über zeitliche Änderungen im Ablauf informiert während der Veranstaltung ausschließlich die Projektleitung.

So werden die Mitarbeiter vor Ort in die Lage versetzt, die ihnen zugedachten Aufgaben selbstständig zu erfüllen – oder sich bei Fragen an den jeweiligen Verantwortlichen oder Sie zu wenden. Mehr unter Veranstaltungsteam, Briefing, Regiebuch etc. – siehe Kapitel 3.2.

2.8.2 Schnell-Check Verbesserungsbedarf am Veranstaltungskonzept

Mithilfe des so erstellen Ablaufplans können Sie sich nochmals sorgfältig und abschließend mit dem Konzept Ihrer Veranstaltung auseinandersetzen:

45. Checkliste: Verbesserungsbedarf am Veranstaltungskonzept

Möglicher Verbesserungsbedarf	Ja	Nein	Ihre Anmerkungen
Sind Ihre Veranstaltungsziele • klar? • verständlich? • realistisch? • messbar?			
Ist Ihre Zielgruppe klar definiert/kennen Sie deren • Erwartungen? • Geschmack? • Bedürfnisse?			
Ist Ihr Budget realistisch? Steht es in einem vernünftigen Verhältnis zum gewollten Image der Veranstaltung?			
Ist Ihr Programm • spannend? • außergewöhnlich? • einzigartig?			

Möglicher Verbesserungsbedarf	Ja	Nein	Ihre Anmerkungen
Hat Ihre Veranstaltung Erinnerungswert? Bieten Sie den Teilnehmern Nutzen/Mehrwert und – je nach Veranstaltungsart, Zielgruppe und Veranstaltungsziel – möglichst auch Neuigkeitsfaktor und Erlebnisfaktor?			
Wären Sie als Ihr eigener Gast begeistert?			
Ist Ihr Veranstaltungsmotto erlebbar? Haben Sie Ihrer Veranstaltung (von der Einladung über die Location bis hin zur Verköstigung) eine persönliche Note verliehen?			
Haben Sie einen Spannungsbogen inszeniert? (beim Event selbst, aber auch in der Vor- und Nachphase)?			
Haben Sie Ihrer Veranstaltung einen logischen dramaturgischen Ablauf verliehen?			
Werden Anfang und Ende Ihrer Veranstaltung zu etwas Besonderem? (Der erste Eindruck entscheidet, der letzte bleibt!)			
Bieten Sie den Teilnehmern etwas fürs Auge? (zum Beispiel Deko, Beleuchtung, Highlights, Bühnenbild etc.)			
Kommen Beleuchtung, Dekoration und Technik aus Profi-Hand?			
Aktivieren und integrieren Sie Ihre Teilnehmer?			
Haben Sie (oder eine Person Ihres Vertrauens) alle Speaker, Moderatoren, Künstler etc. live gesehen/geprüft?			
Haben Sie sich von der Qualität des Caterers etc. überzeugt?			
Haben Sie berücksichtigt, dass keine Reden vor hungrigen Zuhörern gehalten werden sollten (und auch möglichst keine langen Reden, wenn die Teilnehmer noch stehen)?			
Haben Sie Ihr Programm auf Längen geprüft – zum Beispiel Vortragsteil, Reden etc.?			
Müssen zahlreiche Fakten und nüchterne Informationen vermittelt werden?			
Wie umgehen Sie die Gefahr von Langeweile?			
Wurde ausreichend Zeit (aus Sicht der Teilnehmer!) für Kommunikation eingeplant?			
Können Sie die Möglichkeit zum Austausch mit Referenten bieten? Wie können Sie dies fördern?			
Grenzen Sie sich von Veranstaltungen Ihres Wettbewerbs ab?			
Haben Sie die klassischen Engpass-Situationen bedacht und berücksichtigt?			
Steht Ihnen ausreichend Personal zur Verfügung?			
Haben Sie Plan-B-Vorsorge betrieben? (siehe auch Kapitel 2.9)			

Tipp Vergessen Sie bei eventuellen Änderungen im Veranstaltungskonzept oder Ablauf nicht, auch Ihr Budget anzupassen!

2.9 Risikomanagement und Plan B

Keiner möchte daran denken, doch sie gehören einfach dazu: Risiken bei Veranstaltungen. Risiken gibt es bei Live-Erlebnissen immer – das werden Sie auch mit noch so sorgfältiger Planung nicht umgehen können. Oder kannten Sie vor 2010 den isländischen Vulkan Eyjafjallajökull? Das größte Risiko bei Veranstaltungen ist es daher, sich dem möglichen Gefahrenpotenzial einfach gar nicht zu widmen und es in seiner Vorbereitung nicht zu berücksichtigen!

Je nach Art und Größe Ihrer Veranstaltung werden Sie mit manchen Risiken leben (wollen oder müssen), für vieles werden Sie einen Plan B ermitteln und gegen andere Risiken werden Sie sich vielleicht vertraglich absichern oder versichern wollen (zum Beispiel Haftpflicht-, Brand-, Unfall- oder Ausfall-Versicherung).

Erarbeiten Sie – idealerweise im Team – aus den Grundlagen des Ablaufplans die Plan B- und Risikomanagement-Vorsorge Ihrer Veranstaltung! Vielleicht können Sie sogar in Ihrem Organisationsteam eine feste Person zum Risikomanager ernennen, die sich dem entstehenden Gefahrenpotenzial sorgfältig widmet und Entscheidungen herbeiführt?

Eine bewährte Vorgehensweise ist hierbei, Ihre Veranstaltung wiederum einmal aus Teilnehmersicht (und hier aus den Blickwinkeln unterschiedlicher Teilnehmergruppen wie Mitarbeiter, VIPs etc.) und noch einmal aus Veranstaltersicht (hier aus Sichtweisen der Gewerke und externen Dienstleister) ganz detailliert im Geiste durchzuspielen.

Dies hilft Ihnen dabei:

- **Risikofaktoren zu identifizieren:** Prüfen Sie hierbei Ihren aktuellen Veranstaltungsablauf sowie auch Ihre Erfahrungswerte zu Risikofaktoren anderer Veranstaltungen und Pannen aus früheren Veranstaltungen!
- **Risiken zu bewerten:** Wie relevant ist das jeweilige Risiko für die Veranstaltung? Wie hoch ist die Eintrittswahrscheinlichkeit? Können Sie das Risiko vorab bereits ausschalten oder zumindest minimieren?
- **Entscheidungen zu treffen:** Was können, was werden Sie zum jetzigen Zeitpunkt tun/entscheiden/klären/vorbereiten/anfragen/buchen?

Und welche Entscheidungen können zum jetzigen Zeitpunkt zwar vorbereitet, aber noch nicht abschließend getroffen werden? (Zum Beispiel werden Sie die endgültige Teilnehmerzahl erst circa zwei bis eine Woche vor der Veranstaltung ermitteln können, Maßnahmen zur Schlechtwettervariante sind aufgrund der Vorhersagbarkeit des Wetters erst eine Woche bis drei Tage vor der Veranstaltung wirklich planbar.)

Gegebenenfalls ziehen diese Entscheidungen auch wieder eine Anpassung des Veranstaltungsbudgets nach sich und müssen mit dem Budgetverantwortlichen geklärt werden.

Wichtige Hinweise für Ihr Risikomanagement und die Erstellung Ihres Plan B erhalten Sie unter 2.9.1 bis 2.9.5.

2.9.1 Zeitlich sensible Positionen

Identifizieren Sie anhand des Ablaufplanes die engen Zeitfenster, in denen viele Teilnehmer versorgt werden wollen (Check-in, Veranstaltungspausen, Raumwechsel zum Beispiel zu Workshops, Abfahrt Shuttle-Busse etc.), und berücksichtigen Sie diese

- zum einen bei Ihrer Vorbereitung (alle Vorbereitungen sollen bis spätestens 15 Minuten vor dem jeweiligen Programmpunkt abgeschlossen und geprüft sein)
- und zum anderen bei Ihrer Personalbedarfsplanung.

Tipp

Wie viele Personen benötigen Sie am Check-in? Wie viele an der Garderobe? Spielen Sie, wo dies möglich ist, Abläufe und Arbeitsschritte durch, um den Zeitbedarf realistisch ermitteln zu können. Rechnen Sie diesen dann auf Ihre Teilnehmerzahl hoch, berücksichtigen Sie Faktoren wie gleichzeitiges oder zeitlich versetztes Eintreffen der Teilnehmer und berechnen Sie so den daraus resultierenden Personalbedarf!

2.9.2 Besondere Teilnehmergruppen

Prüfen Sie genau, welche Herausforderungen mit Ihrer Zielgruppe oder Ihren Teilnehmergruppen denkbar sind, und unterscheiden Sie besondere Teilnehmergruppen:

46. Checkliste: Besondere Teilnehmergruppen

Risikopotenzial durch Teilnehmer	Ihre Anmerkungen
Welche Risiken/Probleme sind a) wahrscheinlich und b) möglich und wie werden Sie diesen entweder vorbeugen, sie mit einem Plan B berücksichtigen oder Risiken durch Versicherungen abdecken?	
Haben Sie Politiker oder Prominenz geladen, die besondere Sicherheitsvorkehrungen oder Personenschutz erfordern?	
Erwarten Sie Gäste mit körperlichen Einschränkungen (bei öffentlichen Veranstaltungen immer zu berücksichtigen!)?	
Werden Kinder oder Kleinkinder erwartet (bei öffentlichen Veranstaltungen immer zu berücksichtigen!)?	
Erwarten Sie Raucher (bei öffentlichen Veranstaltungen immer zu berücksichtigen!)?	
Was passiert im Veranstaltungszeitraum am Veranstaltungsort und in der Region?	
Hat Ihre Veranstaltung ein sensibles Thema, das gegebenenfalls ungewollte öffentliche Wirkung hat?	
Wünschen/benötigen Sie Sanitäter vor Ort?	

2.9.3 Verspätungen, Ausfälle, Anreiseproblematik etc.

Identifizieren Sie Schlüsselpersonen Ihrer Veranstaltung und prüfen Sie bei diesen die häufigsten Ausfall-Kriterien:

Verspätung bei Teilnehmern: Bei Verspätungen von Teilnehmern empfiehlt es sich, bereits vorab eine Grundsatzentscheidung zu treffen, wie lange gewartet werden soll beziehungsweise ab wann begonnen wird. Es ist für die Teilnehmer, die pünktlich erschienen sind, immer ein negatives Zeichen, wenn zu lange (also in der Regel mehr als 15 Minuten) auf Spätkommer gewartet wird. Im schlimmsten Fall ziehen diese daraus den Schluss, dass sie bei künftigen Veranstaltungen ebenfalls nicht mehr pünktlich sein müssen.

Verspätung von Schlüsselpersonen: Bei Verspätungen von Schlüsselpersonen sollten Sie die Teilnehmer darüber informieren, dass noch x Minuten auf y (Moderator, Vorstand, Ehrengast etc.) gewartet wird – hier merken Sie selbst, wie wichtig es ist, von diesen Personen eine Mobilnummer zu haben, um Verspätungszeiten auch in Echtzeit klären zu können. Schieben Sie den Veranstaltungsbeginn aber auch hier nicht länger als 15 Minuten hinaus und klären Sie im Vorfeld, wer – vorübergehend – die Position dieser Schlüsselperson einnehmen kann und soll.

Streik, Stau, Zug-/Flugausfälle: Prüfen Sie genau, welche der Schlüsselpersonen bereits am Vorabend anreisen können, damit Zug- oder Flugausfälle, Staus oder ungünstige Witterungsbedingungen nicht gleich Ihren Veranstaltungsablauf gefährden. Eine (und sei es späte) Anreise am Vorabend empfiehlt sich auch, wenn Sie als Veranstalter früh am Veranstaltungsmorgen den abschließenden Technikcheck mit den Speakern etc. durchführen möchten.

Tipp

Dies kann bei Honorar-Speakern als Vertragsbestandteil vereinbart werden. Gibt es Schlüsselpersonen, bei denen eine Anreise am Vortag nicht erwünscht oder gestattet (meist aus Kostengründen) ist, sollten Sie anhand des Ablaufplans prüfen, welche Veranstaltungsbausteine, Reihenfolgen etc. gegebenenfalls getauscht werden können, damit sich durch Verspätungen einzelner Personen nicht die gesamte Veranstaltungszeit nach hinten verschiebt.

Krankheit, Ausfall etc.: Wer könnte in Bezug auf Know-how, Position, Strahlkraft etc. nötigenfalls als Vertretung für Speaker, Moderator, VIPs, Ehrengäste, Künstler etc. einspringen oder verpflichtet werden? Bei externen Referenten können Sie dies bereits vertraglich festhalten, bei Buchung über eine professionelle Referentenagentur wird – wenn vereinbart – Ersatz gestellt.

2.9.4 Check Veranstaltungstechnik, Technikprobe

Eine Technikprobe sollte vorgeschrieben sein bei

- mehreren Speakern (und dadurch gegebenenfalls Wechsel der Präsentationstechnik),
- Einsatz von Dolmetschern und/oder Simultanübersetzern,
- komplexeren technischen Anforderungen wie Abstimmungstechnik, Live-Einspielungen, Podiumsdiskussionen etc.

Und zwar mit einem zeitlichen Vorauf, der auch noch Lösungen für eventuelle Probleme möglich macht. Der Veranstaltungsvorabend oder bis spätestens zwei Stunden vor Veranstaltungsbeginn wäre ideal.

Die größte Herausforderung bei technischen Pannen ist, dass die Teilnehmer diese live miterleben und dann vor deren Augen nachgebessert wird. Dadurch wird wertvolle Veranstaltungszeit vergeudet und das Signal gesendet, dass der Veranstalter seine Veranstaltung nicht wirklich im Griff hat.

Die Technikprobe ersetzt jedoch nicht den Veranstaltungstechniker, der Ihre Veranstaltung betreut und live nachsteuert, wenn beispielsweise ein Referent leise spricht oder der Ton bei einer Filmeinspielung zu laut ist.

2.9.5 Vergessen, geändert und Co.

Denken Sie für Ihre Teilnehmer und das Team vor Ort mit: Wie können, wie wollen Sie helfen oder reagieren, wenn

- sich Teilnehmer kurzfristig ändern oder hinzukommen (zum Beispiel Ersatz, Nachmeldung, Begleitung etc.),
- sich Teilnehmer kurzfristig umentscheiden (zum Beispiel bei Workshops, Rahmenprogrammen etc.),
- der Teilnehmer etwas vergisst (zum Beispiel Namensschildchen am zweiten Kongress- oder Messetag).

Diese Fragen geben Ihnen Hinweise zum einen für Ihre (Reserve-)Planung, zum anderen für Ihre Materialliste. Auf der nächsten Seite finden Sie eine Planungshilfe für eine solche Materialliste ›Was man auf Veranstaltungen häufig vermisst‹.

Tipp

Passen Sie eine solche Arbeitshilfe immer auf Ihre jeweilige Veranstaltung an – auf einer Messe wird diese anderes aussehen als bei einer Abendveranstaltung – und aktualisieren Sie sie kontinuierlich.

47. Materialliste: Was man auf Veranstaltungen häufig vermisst

Materialliste	Anzahl	Eingepackt durch	Entnommen durch
Veranstaltungsmaterial wie: Material zur Registrierung der Teilnehmer Badges, Namensschilder und Blankos etc. (Drucker vor Ort?) Registrierungs-/Teilnehmer-/Einlassliste Tagungsmappen Handouts Feedbackbögen Pressemappen Tisch- und Namensschilder für Speaker gegebenenfalls Sitzordnung, Tischordnung gegebenenfalls Visitenkarten bestimmter Personen			
Backoffice: Drucker (Papier, Anschlusskabel, Software) Laptop (Anschlusskabel, Onlinezugang) Reserve-Präsentationen Rechnungsbelege Taschenrechner Quittungsblock Garderobenmarken Mehrfach-Steckdose Handy-/Blackberry-/Laptop-Ladegeräte gängiger Modelle Digitalkamera mit Ladegerät Speichermedien wie CDs, USB-Sticks Stadtpläne, U-Bahn-Pläne etc.			
Büromaterial wie: Schreibblöcke und Schreibgeräte Versandtaschen/Umschläge (evtl. auch gepolstert für CDs/DVDs) Briefmarken eventuell Reservebestückung Moderatorenkoffer Flipchartpapier Bordmarker, Permanent-Marker Schere, Locher, Tacker (mit Reserveklammern) Büroklammern Sekundenkleber Klebeband/Tesafilm doppelseitiges Klebeband Klebepads/Powerstrips			

Materialliste	Anzahl	Eingepackt durch	Entnommen durch
Gegebenenfalls auch persönliche Dinge wie: Taschentücher, Deotücher etc. Pfefferminzpastillen (kein Kaugummi!) Näh-Utensilien Feuerzeug oder Streichhölzer schnelle Energiespender wie Müsliriegel, Traubenzucker etc. in ausreichender Menge Erste-Hilfe-Täschchen mit Pflaster (Achtung: Keine Schmerztabletten oder sonstige Medikamente an Teilnehmer ausgeben!)			

3.
Projektteam, Veranstaltungsteam vor Ort, der große Tag

Mit dem Thema Personal werden Sie sich bei Ihrer Veranstaltung mehrfach befassen: bei der Zusammenstellung Ihres Projekt- oder Organisationsteams

- zur Planung, Organisation und Vorbereitung der Veranstaltung
- und zur tatsächlichen Durchführung der Veranstaltung vor Ort, also des Mitarbeiterteams/Veranstaltungspersonals.

Planen Sie Ihren Personalbedarf sorgfältig! Bei Veranstaltungen ist es letztendlich das Personal, das den Ausschlag gibt, ob und wie gut die Veranstaltung läuft. Werden Ihre Teilnehmer freundlich begrüßt und professionell betreut? Funktionieren die Abläufe wie Registrierung, Teilnehmerhandling etc. reibungslos? Wird bei Schlangenbildung und Engpässen prompt und gekonnt reagiert?

Wie gut Ihr Veranstaltungspersonal vor Ort seine Aufgaben erledigt, hängt von zahlreichen Faktoren ab, wie:

- dem Potenzial und der Fähigkeiten der jeweiligen Mitarbeiter,
- dem persönlichen Engagement,
- der Qualität der Schulung/Einweisung,
- aber auch dem Arbeitsumfeld und
- den Führungsqualitäten der Projektleitung!

Fehlen Ihnen intern die erforderlichen Kapazitäten, werden Sie externe Arbeitskräfte benötigen, um Ihren Qualitätsanspruch realisieren zu können. Mit weniger Personal wird hingegen die Qualität der Teilnehmerbetreuung, des Services etc. sinken und die Wartezeiten für die Teilnehmer werden ansteigen.

Sie kennen aus Kapitel 1 und 2 bereits die Aufgaben- und Prozessschritte Ihrer Veranstaltung – planen Sie aufbauend auf diesem Wissen.

48. Arbeitshilfe: Grundlagen Veranstaltungspersonal

Ihre Planungsschritte	Erläuterung	Beispiele für Risiken bei Fehlplanung
Personalbedarfsplanung	Wie viele Arbeitskräfte (erforderliche Kapazität/Tage oder Stunden) und welche Arbeitskräfte (Qualifikationen) werden benötigt?	Qualitätsverlust der Veranstaltung, längere Wartezeiten für die Teilnehmer, negative Bewertung der Veranstaltung
Personalbeschaffungs-planung	• Woher (intern oder extern), • für welche Aufgaben und • wann (zum Beispiel in der Organisationsphase, beim Auf-/Abbau, während der Veranstaltung etc.) werden diese Arbeitskräfte eingesetzt?	Mangelndes Know-how der Organisations- und Vorbereitungsphase zeigt sich durch mangelhafte Veranstaltungskonzepte. Zu wenig Personal oder wenig ambitioniertes Personal bei der Durchführung wird durch lange Wartezeiten für die Teilnehmer sichtbar.
Personaleinsatzplanung	Welche Arbeitskräfte werden wann für welche Aufgaben eingesetzt? Rechtliche Vorgaben zu Arbeitszeiten beachten! *Arbeitshilfe zur Personaleinsatzplanung siehe Kapitel 3.4.4.*	Personal verfügt nicht über die erforderlichen Kenntnisse (zum Beispiel Fremdsprachen, Technik etc.), um die ihm zugedachten Aufgaben in der gewünschten Qualität erledigen zu können, Personal verlässt ungefragt den Arbeitsplatz oder unterhält sich untereinander, statt die Veranstaltung und Teilnehmer aktiv zu betreuen.
Personalkostenplanung	Welche Kosten entstehen für Ihr Unternehmen, zum Beispiel durch: • Arbeitszeit • Reisezeit • Schulungs- und Einweisungszeit • Mitarbeiterversicherungen • Veranstaltungskleidung • Verpflegung, Reisekosten, Unterkunft • Abgaben (Bei Aushilfen werden auf die Entlohnung noch circa 25 Prozent Abgaben an die Bundesknappschaft-Bahn-See vom Arbeitgeber abgeführt.)	Personal- und Zusatzkosten sollten möglichst bereits in der Planungsphase sorgfältig geplant und budgetiert werden. Ist dies nicht oder nicht ausreichend geschehen, klären Sie diesen Punkt mit Ihrem Auftraggeber.

3.1 Projektteam/Organisationsteam

Abhängig von Art und Größe Ihrer Veranstaltung und dem daraus resultierenden Aufwand werden Sie Ihre Veranstaltung gegebenenfalls nicht alleine bewerkstelligen können. Dann benötigen Sie ein Team, das Sie bei den Planungs-, Organisations- und Vorbereitungsaufgaben unterstützt.

Die Vorteile liegen auf der Hand:
- Mehrere Köpfe sind – bei richtiger Anleitung – kreativer.
- Die Teammitglieder können – bei richtiger Auswahl – spezielles Fachwissen (wie zum Beispiel zu Personal, Recht, Buchhaltung, Marketing, PR) mit einbringen.
- Risiken durch Ausfall oder Krankheit werden minimiert, wenn sich Teammitglieder gegenseitig vertreten (können).

49. Arbeitshilfe: Kriterien für die Auswahl der Mitarbeiter Ihres Projekt-/Organisationsteams

Kriterien	Erläuterung	Anmerkungen
Know-how	Zumindest Grundwissen zur Durchführung der Aufgaben sollte vorhanden sein. Wenn Sie Ihre Kollegen erst von der Pike auf anlernen müssen, kostet das Ihre wertvolle Zeit.	• Fachwissen? • bestimmte Erfahrung? • Fremdsprachen? • EDV-Kenntnisse? • etc.
Kompetenz	Sind die zur Durchführung des Projektes erforderlichen Entscheidungsbefugnisse vorhanden?	intern abklären
Kapazität	Der Wunsch zum Mitmachen alleine reicht nicht! Wenn Kollegen nicht über die zur Durchführung erforderliche Kapazität verfügen, führt das nur dazu, das übertragene Aufgaben bei dem Kollegen liegen bleiben!	Wie viel Stunden pro Woche im Durchschnitt verfügbar?
Kontakte	Eine gute Vernetzung im Unternehmen und gute Kontakte sind für die Durchführung von Veranstaltungen sehr wertvoll!	Was benötigen Sie? Was ist bereits vorhanden?
Spaß am Projekt	Verpflichten Sie niemanden zur Mitarbeit am Projekt, der nicht mit Freude dabei ist. Ohne Motivation bringt niemand überdurchschnittliche Leistungen – und gerade diese wünschen Sie sich doch!	Projektmitarbeiter durch qualifizierte Dankschreiben und Ähnliches zur erneuten Mitarbeit motivieren.

Zum Projektstart sollte es eine erste Auftakt-Projektsitzung geben, bei welcher der Projektleiter die einzelnen Teammitglieder mit deren

- Art der Einbindung ins Projekt,
- Aufgaben und Zuständigkeiten,
- Erfahrungen und Fachkenntnissen vorstellt.

Tipp

Legen Sie als Projektleiter bei Projektstart oder möglichst zeitnah eine Vertretungsregelung der Teammitglieder fest, um nicht zusätzlichen Stress bei Ausfall oder Krankheit zu begünstigen.

Anschließend stellt der Projektleiter sich selbst und das Veranstaltungsprojekt nochmals detailliert vor – möglichst mit sämtlichen Briefing-Infos, die bereits feststehen. Bei zu erwartenden Kompetenzschwierigkeiten (zum Beispiel wenn der Projektleiter deutlich jünger ist als sein Team oder wenn eine junge Dame betagtere Herren führen und Aufgaben an diese delegieren soll) kann es förderlich sein, wenn der interne Auftraggeber des Veranstaltungsprojektes (wie Geschäftsführer oder Marketingleiter) bei dieser Auftakt-Projektsitzung den Projektleiter vorstellt und ausdrücklich darauf hinweist, dass der Projektleiter in seinem Namen das Projekt führt/leitet und nur dieser Projektleiter an ihn, den internen Auftraggeber, berichtet.

Bei der Verteilung der Aufgaben und Zuständigkeiten sollte der Projektleiter darauf achten, dass diese

- unter Berücksichtigung von speziellem Vorwissen und unter Nutzung des jeweiligen Fachwissens aufgeteilt werden,
- realistisch und bei dem verfügbaren Zeitfenster der Teammitglieder auch machbar sind.

Damit Ihr Team Sie wirklich wie geplant entlasten kann, sind die Teammitglieder auf eine klare, regelmäßige Kommunikation mit Ihnen und korrekt und vollständig definierte Aufgabenpakete angewiesen.

In der Regel treffen sich die Mitarbeiter des Projektteams persönlich zu den regelmäßig stattfindenden Projektsitzungen – je nach Zusammensetzung des Teams (beispielsweise Kollegen aus mehreren Unternehmensstandorten etc.) sind auch Projektsitzungen per Video-Konferenz möglich. Bei inhaltlich oder menschlich schwierigen Tagesordnungspunkten ist jedoch immer das persönliche Gespräch zu suchen. Passen Sie den Turnus Ihrer Projektsitzungen an die Menge und Erledigungsfrequenz der anstehenden Aufgaben an – je näher die Veranstaltung rückt, desto häufiger gibt es Abstimmungsbedarf.

Bei den Projektsitzungen werden beziehungsweise wird

- Aufgabenpakete, die bei der Planung und Organisation Ihrer Veranstaltung anfallen, gemeinsam definiert,
- die Erledigung dieser Aufgaben im Team aufgeteilt (Wer macht was bis wann? Wen kann der Kollege um Hilfe bitten, wenn er auf Hindernisse stößt?),
- Zwischenziele und Meilensteine bei größeren Aufgabenpaketen festgelegt,
- Berichte über den Erledigungsstand der Aufgaben und Meilensteine ausgetauscht,
- bei eventuellen Terminverzögerungen sogleich Maßnahmen definiert und eingeleitet,
- die als nächstes zu erledigenden Aufgaben besprochen und gegebenenfalls verteilt,
- offene Punkte diskutiert und entschieden,
- positive wie auch negative Abläufe im Projekt besprochen und Lösungsmöglichkeiten gesucht.

Tipp

Sehen Sie für Ihre Projektsitzungen nach Möglichkeit Teilnahmepflicht vor. Wer verhindert ist, entsendet einen – wiederum entscheidungsbefugten – Vertreter. In den Projektsitzungen sollen sich alle Beteiligten gleichberechtigt einbringen können. Einzige Ausnahme: Zur finalen Entscheidungsfindung ist es wichtig, dass es ***einen*** Entscheider gibt, nämlich den Projektleiter. Sonst können sich Diskussionen endlos hinziehen und Konfliktpotenzial liefern.

Die Inhalte der Projektsitzungen (Termine, zu erledigende Aufgaben, Beschlüsse etc.) werden in Form eines Ergebnisprotokolls bereits während der Sitzung aufgenommen und den Projektmitgliedern direkt im Anschluss übersandt, damit nicht übermäßig Zeit für Protokollerstellung, Änderungen etc. verwendet wird.

50. Arbeitshilfe: Ergebnisprotokoll Projektsitzung

Ergebnisprotokoll Projektgruppe:			
Projekt:	Sitzung-Nr.	Ort:	Datum:

Ziele und konkretes Thema der Projektsitzung:

Teilnehmer Projektgruppe:		Projektleiter:
xxx (anwesend)	xxx (Urlaubsvertretung)	Protokollant:
xxx (anwesend)	xxx (telefonisch zugeschaltet)	Sitzungsbeginn:
xxx (anwesend)	Gast: xxx (zu Top 3)	Sitzungsende:

Themen/Tageordnungspunkte	Zeitbedarf	Ergebnis/To-do	zuständig	zu erledigen bis
Offene Punkte aus Sitzung Nr. xxx				
Projektfortschritt				
...				
...				
...				
...				

Unterschrift Projektleiter	Unterschrift Protokollant

Tipp

Achten Sie auch hier darauf, welche Arbeitsschritte unmittelbar aufeinander aufbauen! Legen Sie für diese Aufgaben und Meilensteine unbedingt klar definierte Erledigungstermine fest. Bei besonders sensiblen Aufgaben planen Sie zeitliche Reserven/Puffer ein.

3.2 Das Team vor Ort: Die Veranstaltungs-/ Projektleitung

Die Veranstaltungs-/Projektleitung vor Ort hat eine Schlüsselfunktion für den gesamten Projekterfolg. Zur Leitung einer Veranstaltung vor Ort ist bei Weitem nicht jeder schon alleine dadurch befähigt, dass er oder sie bei der Planung und Organisation der Veranstaltung mit an Bord war!

Als Veranstaltungsleitung sind Sie verantwortlich für den reibungslosen Ablauf des Geschehens – sowohl nach außen hin gegenüber den Teilnehmern als auch nach innen gegenüber dem internen Auftraggeber, den Mitarbeitern, den Gewerken und externen Partnern und natürlich auch dem Team.

Als Veranstaltungsleitung müssen Sie
- sehr gut mit Stress umgehen können,
- auch in Engpass-Situationen nicht den Überblick verlieren, sondern lösungsorientiert denken können,
- Ihr Team auch in Stressphasen in Ruhe anleiten und mit der nötigen Durchsetzungskraft führen können.

Zur Erfüllung dieser anspruchsvollen Aufgabe gehören eine Reihe von persönlichen Eigenschaften, Fertigkeiten sowie Gespür im Umgang mit Menschen unterschiedlichster Temperamente:

51. Profil Veranstaltungsleitung

Gewünschte Eigenschaften der Veranstaltungsleitung vor Ort	Ausreichend vorhanden?	Wo möchten Sie nacharbeiten?
Veranstaltungserfahrung		
Verantwortungsbewusst im Denken und Handeln		
Entscheidungsfreude		
Entscheidungsfähigkeit		
Führungsqualitäten		
Motivationsqualitäten		
Organisationstalent		
Improvisationstalent		
Verhandlungsgeschick		
Ausreichendes technisches Grundwissen		
Ausreichendes kaufmännisches Grundwissen		
Erforderliche Sprachkenntnisse		
Gutes Personengedächtnis		
Sicher im Auftreten		
Sicher im sprachlichen Ausdruck		
Gepflegte Erscheinung		
Kann auch mit VIPs, Speakern etc. auf Augenhöhe kommunizieren		

Tipp

Bei einer solch komplexen Position versteht es sich von selbst, dass auch die Vertretung der Veranstaltungsleitung (bei Ausfall, Krankheit etc.) rechtzeitig und sorgfältig festgelegt werden sollte!

Mehr zu den detaillierten Aufgaben der Veranstaltungs-/Projektleitung vor Ort – siehe Kapitel *3.5 Der große Tag*.

3.2.1 Den Ablauf im Griff: Ihr Regiebuch

Eine besondere Herausforderung für den Veranstaltungsleiter ist es, während eines Events

- den Überblick über alle Gewerke, Dienstleister, Lieferanten und externen Helfer zu behalten,
- alle internen und externen Erfüllungsgehilfen zu dirigieren,
- zum richtigen Zeitpunkt die richtigen Fäden zu ziehen!

Am Schreibtisch war das noch recht einfach, Sie hatten Angebote, Bestellungen, Änderungen, Lieferumfang, Kontaktdaten und die gesamte Korrespondenz in Ihren Projektordnern zum Nachschlagen bereit. Nun benötigen Sie zusätzlich zu Ihrem Ablaufplan noch ein weiteres Instrument, das es Ihnen ermöglicht, auch während der Veranstaltung alle relevanten Daten und Informationen griffbereit zu haben – das sogenannte Regiebuch.

Geradezu unentbehrlich wird eine solche Arbeitshilfe, wenn es sich bei dem Projektleiter (der die Veranstaltung geplant und organisiert hat) und dem Veranstaltungsleiter (der vor Ort die Veranstaltung zum Erfolg führt) nicht um die gleiche Person handelt – und das kann durch Krankheit oder Ausfall auch ganz kurzfristig und ungeplant geschehen. Daher ist das Regiebuch ein wichtiges Hilfsmittel für die Absicherung Ihrer Veranstaltungsdurchführung!

Tipp

Achtung: Da dieses Arbeitsmittel sensible Daten und Informationen enthält, sollte vorab festgelegt werden, wer ein solches Exemplar erhält.

Die für Ihre Veranstaltung notwenige Zusammenstellung Ihres Regiebuchs ergibt sich aus Ihrem Veranstaltungskonzept – einige Beispiele für den Inhalt:

52. Checkliste: Was gehört in Ihr Veranstaltungsregiebuch?

Inhalt	Beschreibung	Wird benötigt	Ihre Anmerkungen
Kontaktliste Ansprechpartner/ Verantwortliche	Kontaktdaten der für die Veranstaltung verantwortlichen Personen/Ansprechpartner (auch Kunden, Agenturen) mit Verantwortlichkeiten, Zuständigkeitsbereichen und Kontaktdaten (mit Mobilnummer), bei Großveranstaltungen mit Organigramm		
Externe Partner wie Dienstleister, Gewerke, Location, Hotel etc.	Übersicht aller externen Partner – mit Ansprechpartner, Mobilnummer und einer Beschreibung der gebuchten Leistungen/des Materials		
separate Materialliste	Welches Material wird vor Ort benötigt? Anzahl? Wer ist für Zusammenstellung, Verpackung, Kennzeichnung, Ausgabe etc. zuständig?		
Personalliste	Übersicht des gesamten Veranstaltungsteams mit Namen, Mobilnummern und möglichst auch Aufgabenbereich/Standort		
Grobablauf/Ablauf aus Teilnehmersicht	Falls Ihr Ablaufplan aus Veranstaltersicht sehr umfangreich ist, empfiehlt sich zusätzlich ein Ablauf aus Teilnehmersicht, mithilfe dessen die klassischen Besucherfragen schnell beantwortet werden können.		
Ablaufplan/ Detailablauf	Ihr detaillierter Ablaufplan aus Veranstaltersicht (wann, was, wer, wo und wer ist dafür zuständig)		
Regieablauf oder Regieplan	Detailgenaue Auflistung aller Aktionen durch Acts/Künstler, Akteure, Speaker etc. auf der Bühne für Regie, Soundtechnik, Beleuchtung etc.		
Cateringliste	Detaillierte Übersicht der Zeiten, Inhalte und Mengen von Speisen und Getränken. Falls vorhanden auch VIP-Catering.		
Anlieferungs-/ Aufbauliste	Anlieferung wovon, wann, wo, wer vom Team ist Ansprechpartner für welches Gewerk und kontrolliert Material-/Personalanzahl etc.? Ist das Material richtig gekennzeichnet?		
Sponsoren	Falls sich die Sponsoren vor Ort mit Infoständen oder einer Ausstellung präsentieren: Auf-/Abbau wann, durch wen? Aufbau wo und welche Fläche? Kennzeichnung erforderlich! Zuständiger Ansprechpartner?		
Exponate	Sollen vor Ort Ausstellungsstücke gezeigt werden? Zuständiger Ansprechpartner? Anlieferung, Aufbau, Reinigung, Inbetriebnahme etc.		

Inhalt	Beschreibung	Wird benötigt	Ihre Anmerkungen
Abbauübersicht/ Abholung	Abbau wann, wo, durch wen? Wer vom Team überwacht welches Gewerk/erfasst Schwund, Bruch und Schäden? Kennzeichnung sicherstellen, um vorzubeugen, dass Dienstleister falsches Material einpacken!		
Presseübersicht	Inhalt und Ablauf der Presseaktionen – mit Material wie Presselisten und zuständigem Ansprechpartner		
Teilnehmerliste	Mit allen für die Veranstaltung relevanten Daten!		
VIPs/Ehrengäste	Möglichst mit Bildmaterial, zuständigem Ansprechpartner und evtl. auch zugehörigem Team wie Fahrer, Assistent etc. mit Kontaktdaten		
Hotelliste	Einmal sortiert nach Anreise/Abreise, einmal nach Namen der Gäste		
Shuttleübersicht	Einmal sortiert nach Zeiten, einmal nach Namen der Gäste		
Anreiseliste	Einmal sortiert nach Anreiseart (Bahn, Flug etc.), einmal nach Namen der Gäste		
organisatorische Hinweise	Besondere Hinweise an die Organisation, zum Beispiel bezüglich Speisen, Allergien, körperlichen Einschränkungen etc.		
Rahmenprogramme	›Veranstaltung in der Veranstaltung‹ – wiederum mit Ablauf, Dienstleistern etc.		
Pläne	Wie zum Beispiel Geländepläne, Gebäudepläne, Raumpläne, Sitz-/Bestuhlungsplan, Hallen- oder Standplan, VIP-Bereiche		
Notfallliste	Kontaktdaten der für die Erstversorgung zuständigen Partner wie Notarzt, Sanitäter, nächstes Krankenhaus etc. Weitere Notfall-Telefonnummern wie Polizei, Feuerwehr, Security, Taxidienst (mit Kreditkartenakzeptanz) etc.		

Tipp

Ergänzen Sie Ihr Regiebuch um Seitennummerierungen, Deckblatt, Inhaltsverzeichnis mit Seitenangabe und einige leere Notizseiten. Ich lasse die Regiebücher unserer Veranstaltungen in A5-Querformat drucken und binden – so sind sie platzsparend und können bei Bedarf einfach weggesteckt werden.

3.3 Das Team vor Ort: Die Personaldisposition

Ob externes oder internes Personal – legen Sie frühzeitig fest, für welche Bereiche bei Ihrer Veranstaltung welches und wie viel Personal benötigt wird. Beachten Sie bei der Personalauswahl, dass Ihr Veranstaltungspersonal unmittelbaren Kontakt zu Ihren Gästen hat, Auskünfte gibt (und nicht für Verwirrung sorgen soll), Beschwerden entgegennimmt (und nicht zu solchen führen soll) und Ihr Unternehmen und Ihre Veranstaltung nach außen hin repräsentiert!

Unternehmenswerte wie Sympathie oder Vertrauen werden nun einmal nicht über eine Location oder eine tolle Veranstaltungstechnik transportiert, sondern über engagiertes, sympathisches und glaubwürdiges Personal.

Hier eine Arbeitshilfe zu den typischen Aufgaben- und Einsatzbereichen, die bei Veranstaltungen abzudecken sind:

53. Arbeitshilfe: Klassische Aufgaben- und Einsatzbereiche Ihres Veranstaltungspersonals

Einsatzbereiche Veranstaltungsmitarbeiter	Anzahl	Dauer	Einsatzort	Aufgaben
Tagungssekretariat				
Hostessen				
Einlasskontrolle				
Information/Empfang				
Referentenbetreuung (Sprache?)				
VIP-Betreuung (Sprache?)				
Dolmetscher				
Aufzeichnung zum Beispiel durch Fotograf, Filmteam, Interviewer etc.				
Fahrservice (von Shuttle bis Bus)				
Garderobe und falls vorhanden auch Betreuung der Künstlergarderoben				
Servicepersonal				
Reinigung – Vor-, End- & Zwischenreinigung (auch WC, Raucherbereiche etc.)				
Wachdienst/Sicherheit/Personenschutz				
Parkplatzeinweiser				
Technik (mit Betreuung vor Ort und Notdienst)				
Helfer für Logistik, Auf- und Abbau etc.				

Auf Basis Ihres ermittelten Personalbedarfs und unter Berücksichtigung des Ablaufplans (Ablauf, Stoßzeiten, Engpässe, Pausen etc.) können Sie Ihre Personaldisposition, Einsatz- und Pausenplanung vornehmen. Häufig werden Sie Personen auch an unterschiedlichen Positionen einsetzen können – wenn der Veranstaltungsablauf dies zulässt. Achten Sie hierbei besonders auf zeitliche und räumliche Überschneidungen und darauf, ob Know-how, Auftreten und Qualifikationen der Mitarbeiter den Anforderungen der jeweiligen Position gerecht werden!

Tipp

Bei der Anzahl der benötigten Servicekräfte nach Möglichkeit nicht raten, sondern prüfen – so sollten Sie beispielsweise

- Wege und Gegebenheiten vor Ort prüfen,
- Nadelöhr- oder Engpass-Situationen vor Ort identifizieren, um dann externe Partner wie Caterer darauf hinweisen zu können.

Faustregeln wie ›pro zwölf Gäste eine Servicekraft beim gesetzten Menü/Service und Getränke‹ gibt es zwar und diese mögen als Basiswert auch ihre Berechtigung haben – der Bedarf kann aber wiederum stark variieren durch Erfahrung/Ausbildung der Servicekraft, Laufwege zur Küche, je nachdem, ob Getränke am Tisch ausgeschenkt oder ob bereits vorbereitete Getränke serviert werden, nach Anzahl der Speisen-Gänge, danach, ob das Servicepersonal über die servierten Speisen auch aktiv informieren soll, nach Anzahl der zu berücksichtigenden Besonderheiten (Vegetarier, Veganer, Unverträglichkeiten, Sonderwünsche, Beratung bei Digestiv, Verkauf von Rauchwaren etc.).
Ihre Teilnehmer empfinden die Qualität Ihrer Veranstaltung stark in Abhängigkeit von der wichtigsten Nebensache der Veranstaltung, dem Essen und dem Service.

3.4 Das Team vor Ort: Das Veranstaltungspersonal

Jeder Veranstalter wünscht sich Personal vor Ort, das bereits alles weiß und kann, belastbar ist, Erfahrung hat – und wenig kostet ... und stellt irgendwann fest, das dies nur ein Traum sein kann. Gut geschultes Personal (zum Beispiel über eine Agentur) hat seinen Preis, der erfahrene, belastbare Freelancer kennt seinen Wert – was nichts kostet, ist eben meist auch nicht allzu viel wert.

Es bleibt Ihnen wie jedem Veranstalter selbst überlassen, ob Sie geschulte Kräfte buchen und für diesen Wert bezahlen oder ob Sie Ihr Veranstaltungsteam aus firmeneigenen Mitarbeitern rekrutieren. Bei der Auswahl Ihres

Veranstaltungsteams sollte Ihr Hauptaugenmerk auf der Ausstrahlung und dem Persönlichkeitstyp der infrage kommenden Personen liegen. Wissenslücken kann man durch Schulungen schließen, Persönlichkeitstypen allerdings kaum verändern.

In jedem Fall sollte Ihre Wahl gut überlegt sein, denn daraus ergibt sich für Sie der jeweilige Schulungsaufwand! So kennen Mitarbeiter eines Unternehmens in der Regel die firmenspezifischen Gepflogenheiten, die Firmen-VIPs etc. – gegebenenfalls wird aber eine intensive Schulung in Bereichen wie Veranstaltungsknigge (siehe Kapitel 3.4.2) und Soft Skills erforderlich sein. Fremdpersonal von guten Agenturen ist hierin bereits geschult – jedoch noch nicht mit Ihrem Unternehmen und Ihrer Veranstaltung vertraut und benötigt daher hierzu ein Briefing. Beide Gruppen benötigen zusätzlich eine Sicherheitseinweisung, um im Fall der Fälle schnell und richtig reagieren zu können! Zu den meisten Schwierigkeiten und Pannen beim Veranstaltungspersonal kommt es, weil diese ihre jeweilige Aufgabe nicht gelernt haben und nur mangelhaft geschult wurden.

Die Probleme bei der Kommunikation zwischen dem Schulenden (hier dem Veranstaltungs-/Projektleiter) und seinen Zuhörern (hier dem Veranstaltungspersonal) verdeutlicht das Sender-Empfänger-Modell zum Thema Kommunikationsstörungen von Konrad Lorenz (1903 bis 1989, österreichischer Verhaltensforscher, erhielt 1973 den Nobelpreis):

Gedacht ist nicht *gesagt*,
gesagt ist nicht *gehört*,
gehört ist nicht *verstanden*,
verstanden ist nicht *gewollt*,
gewollt ist nicht *gekonnt*,
gekonnt und *gewollt* ist nicht *getan*,
getan ist nicht *beibehalten*.

Einfach fantastisch, oder? Mir persönlich hilft dieses Sender-Empfänger-Modell bei unseren Personalschulungen enorm.

Ziel Ihrer Überlegungen bei Personalauswahl und Schulung sollte sein, dass jeder Ihrer Veranstaltungsmitarbeiter vor Ort in die Lage versetzt wird,
- die ihm übertragenen Aufgaben in der gewünschten Qualität auszuführen,
- Ihr Unternehmen und Ihre Veranstaltung zu repräsentieren,
- den Teilnehmern gewünschte Informationen und Auskünfte zu geben,

- auch in schwierigen Situationen oder gar Notfällen schnell die richtigen Maßnahmen zu ergreifen.

3.4.1 Inhalte der Schulung des Veranstaltungspersonals

Händigen Sie Ihrem Team bei der Schulung die relevanten Infos wie den Ablaufplan in schriftlicher Form aus, damit sich das Personal persönliche Notizen machen und während der Veranstaltung auch nachlesen kann. Besonderes wichtige/kritische Situationen können sehr gut als Rollenspiel verdeutlicht werden. Aber Achtung: Niemand darf sich vorgeführt, blamiert oder vor dem Team kritisiert fühlen.

Solche Teamschulungen können – wenn richtig und wertschätzend durchgeführt – dem Projektleiter wichtige Anregungen und Verbesserungsvorschläge liefern und sind auch eine wertvolle Teambuilding-Maßnahme für das Veranstaltungsteam selbst, das ja üblicherweise noch nicht in dieser Form zusammengearbeitet hat! Schulen, briefen, informieren Sie Ihr Team darüber (siehe *Arbeitshilfe: Inhalte der Schulung des Veranstaltungspersonal* auf der folgenden Seite).

Nach einer solchen Schulung sollte jeder Ihrer Veranstaltungsmitarbeiter in der Lage sein, die wichtigsten Schulungsinhalte und die von ihm zu erledigenden Aufgaben in seinen eigenen Worten wiederzugeben! Testen Sie dies zumindest stichpunktartig und/oder lassen Sie Ihre Mitarbeiter sich in Zweiergruppen gegenseitig abfragen (erinnern Sie sich daran ›Gehört ist nicht verstanden‹ …).

Tipp

Ihre Schulung sollte – abgestimmt auf das jeweilige Vorwissen der Mitarbeiter – möglichst zeitnah vor der Veranstaltung erfolgen, sonst werden Schulungsinhalte und Details häufig wieder vergessen.
Führen Sie bei mehrtägigen Veranstaltungen tägliche Teambesprechungen durch.

54. Arbeitshilfe: Inhalte der Schulung des Veranstaltungspersonals

Schulungsthemen	Inhalt, Erläuterung	Ihre Anmerkungen
Veranstaltungs-ablauf	Schriftlich, detailliert und mit klarer Beschreibung und Verteilung der Aufgaben! *Details siehe Kapitel 2.8*	
Teilnehmer gesamt	Teilnehmerliste: Bei ungewöhnlichen Namen, Bezeichnungen, Titeln etc. auch mit Infos zur gewünschten Form der mündlichen Anrede. *Details Zielgruppenbeschreibung, siehe Kapitel 2.3*	
Besondere Teilnehmer wie VIPs, Politiker, Geschäftsleitung, Ehrengäste, Sponsoren	Entsprechende Teilnehmerliste – bei separater Sitz- oder Tischordnung mit Plänen. Bei Personen, die erkannt und namentlich begrüßt werden sollen, sollte die Teilnehmerliste um Fotos ergänzt werden. Bei im täglichen Sprachgebrauch unüblichen Namen, Namenszusätzen, Titeln, Berufsbezeichnungen etc. auch mit Infos zur gewünschten Form der mündlichen Anrede. *Details siehe Kapitel 2.3*	
VIPs und Prominenz	Separater Zugang oder roter Teppich? Sicherheitsvorkehrungen? Security? VIP-Catering? Tische, Sitzordnung? Umgang mit Fans, Groupies? Autogrammstunde? Fotoshooting? Interviews? *Details siehe Kapitel 2.3*	
Referenten	Gegebenenfalls besondere Ankunft-/Abfahrtzeiten, Fremdsprachen, technische Anforderungen, zuständigen Ansprechpartner des Orga-Teams nennen und informieren lassen. *Details siehe Kapitel 2.6.6*	
Presse	Pressebriefing, Pressekonferenz geplant? Besondere Anforderungen, Räumlichkeiten? Zuständigen Ansprechpartner des Orga-Teams nennen und informieren lassen. *Details siehe Kapitel 2.3*	
Teilnehmer mit körperlichen Einschränkungen	Wenn bereits bekannt, Team über besondere Wünsche und Bedürfnisse informieren.	
Schwierige Teilnehmer	Sie erwarten Teilnehmer, bei denen besondere Anforderungen, Wünsche (von Minibar-Verbrauch bis zur Zigarrenbestellung) etc. bereits aus der Vergangenheit bekannt sind? Dann informieren Sie Ihr Team darüber – und zwar mit konkreter Anleitung, wie hier zu verfahren ist.	

Schulungsthemen	Inhalt, Erläuterung	Ihre Anmerkungen
Umgang mit Beschwerden	Wie soll Ihr Team reagieren, wen sollen sie informieren? No-go-Formulierungen wie ›Das weiß ich nicht‹, ›Das war ich nicht‹, ›Das kann ich nicht‹ vermeiden und positive Information geben: ›Das kläre ich sofort für Sie‹, ›Ich rufe Ihnen gerne Herrn X, er ist hier der richtige Ansprechpartner für Sie‹ etc. Gegebenenfalls Situationen durchspielen lassen.	
Typische Besucherfragen	Sammeln Sie klassische Besucherfragen: Mit welchen Fragen ist zu rechnen/welche Fragen wurden bei vorherigen Veranstaltungen gestellt, zum Beispiel zu: Ablauf, Räumlichkeiten, bestimmten Personen, Taxi, Erstattung Parkhauskosten, Umbuchungen Zug/Flug, Veranstaltungsende, Restaurantempfehlungen ... Haben Sie die Antworten auf diese Fragen parat? Hinweis an das Personal: Wenn Sie an Informationen gelangen, die auch Kollegen des Teams betreffen, geben Sie diese bitte weiter!	
Besondere Teilnehmer-wünsche	Zum Beispiel Raucher und andere Extras: Klären Sie vorab, wie damit umgegangen werden soll, und kommunizieren Sie dies an Ihr Personal (möglichst mit konkreter Anleitung, was dem Gast gesagt werden soll).	
Event-Objekt, Produkte	Unternehmens- und Produktinformationen, die für diese Veranstaltung relevant sind und die gegebenenfalls zur Beantwortung von Teilnehmerfragen benötigt werden. Unterlagen zusammenstellen, klassische Besucherfragen sammeln und gewünschte Antworten festlegen/ausformulieren.	
Zielsetzung Ihrer Veranstaltung	Wie kann und soll jeder einzelne Mitarbeiter zur Erreichung der Ziele beitragen? *Details siehe Kapitel 2.1*	
Räumliche Gegebenheiten	Gemeinsame Begehung erforderlich! Beispielsweise mit Hinweis auf: Einlasssituation, Wege, Rettungswege, besucherrelevante Orte wie Toiletten, Garderobe, Pausenbereich etc. Je nach Location mit Lageplänen, Hallenplan, Bestuhlungsplan etc. *Details Teilnehmerkommunikation/Betreuung, siehe Kapitel 2.7.4*	
Dienstleister vor Ort	Welche externen Dienstleister, Zulieferer etc. sind an der Veranstaltung beteiligt (beispielsweise Catering, Technik). Schlüsselpersonen zeigen, Ansprechpartner vorstellen. *Details siehe Kapitel 3.2.1*	

Schulungsthemen	Inhalt, Erläuterung	Ihre Anmerkungen
Logistische Abläufe	Mit Hinweis auf zu erwartende Engpass-Situationen bei: • Eintreffen der Teilnehmer • Akkreditierung • Ausgabe von Unterlagen, Namensschildchen, Headsets • Bedürfnisse der Teilnehmer wie Toiletten, Pausenerfrischungen, Menü, Buffet etc. • Garderobe • Anreichen von Saalmikrofonen • Raumwechsel • Workshops • Shuttles • Veranstaltungsende • … Geben Sie möglichst konkrete Anweisungen, wie diese gelöst werden sollen!	
Veranstaltungs-knigge	Auftreten, Dos and Don'ts etc. Umgang mit dem Handy *Details siehe Kapitel 3.4.2*	
Bedienung technischer Geräte	Inwieweit soll das Veranstaltungspersonal technische Geräte ausgeben, erklären, bedienen (zum Beispiel Kopierer, Faxgerät, Abstimmungstechnik, Saalmikrofone, Headsets für Simultanübersetzungen, Werksführungen)	
Geschenke an den Gastgeber	Behandlung von Geschenken der Teilnehmer an den Gastgeber wie zum Beispiel Blumen, Wein etc.: • Beschriftung/Visitenkarte des Schenkenden sicher befestigen • In Form einer Liste registrieren (Handyfoto!) • sicherer Aufbewahrungsort • Transport der Geschenke nach der Veranstaltung zum Gastgeber organisieren	
Dienstplan	Einsatzplanung mit Pausenzeiten *Details siehe Kapitel 3.4.4*	
Sicherheits-einweisung und Notfallplan	Verhalten bei Unfällen: Sanitäter vor Ort? Ersthelfer vor Ort? Notfall-Telefonnummern. Verhalten im Brandfall, auf Feuerlöscher hinweisen (Bedienung bekannt?), Fluchtwege ablaufen (auf Alternativen hinweisen) etc. *Details siehe Kapitel 3.4.3*	

3.4.2 Veranstaltungsknigge

Erarbeiten Sie gemeinsam mit Ihrem Veranstaltungsteam (dies ist wichtig für die Akzeptanz der Inhalte) einen für alle Mitglieder des Teams verbindlichen Leitfaden, einen sogenannten Veranstaltungsknigge. Ziel eines solchen Leitfadens ist, dass sich Ihre Mitarbeiter sicher und für die anstehende Aufgabe gut gerüstet fühlen!

Bestandteile könnten sein:

55. Arbeitshilfe: Veranstaltungsknigge

Mögliche Bausteine Ihres Veranstaltungsknigge	Erläuterung	Ihre Anmerkungen
Äußeres Erscheinungsbild	Kleidung, Dresscode (zum Beispiel Farben, einheitliches Erscheinungsbild), Frisur, Make-up und Duft (alles Extreme vermeiden), Schmuck & Accessoires (dezent), Namensschild Besondere Vorgaben frühzeitig mitteilen	
Auftreten, Ausstrahlung	Haltung, Körpersprache, Blickkontakt, Mimik, Gestik etc. – gegebenenfalls kulturelle Besonderheiten beachten Bei Anpassungsbedarf durch Schulung trainieren	
Art der Ansprache der Gäste, VIPs, Presse, Sponsoren etc.	Begrüßung, Mitteilungen, Small Talk, Beschwerdemanagement Bei Anpassungsbedarf durch Schulung trainieren	
Dos, wie	• Gäste und Kollegen stets respektvoll und aufmerksam behandeln • Pünktlichkeit: Einsatzplan und Ablaufplan stets beachten • bei Gästewünschen (zum Beispiel Taxi) oder Nachrichten immer Namen notieren! • bei Verlassen des Arbeitsplatzes abmelden • für andere einspringen (wenn dadurch eigene Aufgaben nicht vernachlässigt werden) • professionelle, kompetente, positive Ausstrahlung und Haltung bewahren • Blickkontakt, einsatzbereit sein, lächeln • deutlich und laut genug sprechen • stets auf ein gepflegtes Äußeres achten und sich gegenseitig auf Verbesserungsbedarf aufmerksam machen • Kollegen dabei unterstützen, den Veranstaltungsknigge einzuhalten • darauf achten, dass die Arbeitsbedingungen der Kollegen angemessen sind (Hitze, Kälte, Zugluft etc.) • Verhalten und To-dos in Leerlaufphasen Bausteine für Ihren Knigge auswählen, schulen und informieren!	

Mögliche Bausteine Ihres Veranstaltungsknigge	Erläuterung	Ihre Anmerkungen
Don'ts, wie	• nicht vor Teilnehmern essen, trinken, Kaugummi kauen, rauchen, Privatunterhaltungen führen etc. – Pausen im Pausenraum durchführen • kein Alkohol während der gesamten Veranstaltung • keine Grüppchenbildung des Veranstaltungsteams vor den Gästen Bausteine für Ihren Knigge auswählen, schulen und informieren!	
Gäste mit körperlichen Einschränkungen	Respektvoll behandeln! Dazu gehört: Ein Rollstuhl sollte als Teil des Körpers des Gastes behandelt werden; respektieren Sie diesen bitte auch als solchen! Bieten Sie Hilfe an, wenn diese erforderlich erscheint, fassen Sie aber nicht ungefragt beherzt zu. Schauen Sie Hörbehinderten ins Gesicht und sprechen Sie deutlich. Nicht schreien! Gebrauchen Sie Papier und Stift, wenn Sie sich nicht verständigen können.	
Herausforderungen mit Teilnehmern, deren Sprache Sie nicht beherrschen	Versuchen Sie zu erkennen, was der Gast benötigt. Seien Sie taktvoll mit Gestik und Mimik – diese werden kulturell unterschiedlich verwendet und Sie könnten damit womöglich einen Gast ungewollt beleidigen. Wenn Sie nicht weiterkommen, versuchen Sie festzustellen, welche Sprache der Gast spricht, und jemanden zu finden, der diese Sprache beherrscht (Veranstaltungsleiter ansprechen).	
Umgang mit privaten Mobiltelefonen	Generell ausschalten beziehungsweise nicht bei sich führen, außer diese sollen zu Veranstaltungszwecken genutzt werden. Dann aber unter Verwendung einer neuen Prepaid-Karte. Vorteil: Nur die zur Veranstaltung gehörenden Anrufe gehen ein; es werden keine Privatnummern im Regiebuch aufgeführt; Telefonkosten können schnell und sauber abgerechnet werden, ohne auf Einzelnachweise oder Handyabrechnung warten zu müssen. Während der gesamten Veranstaltung gilt Foto-/SMS-/Privatmail- und Telefonat-Verbot! Telefon lautlos schalten. Möglichst mit Headsets arbeiten!	
Vertraulichkeit	Alle Vorgaben zur Vertraulichkeit sind stets und unbedingt einzuhalten. Gegebenenfalls Vertraulichkeitserklärung mit festgelegten Inhalten unterschreiben lassen.	

Mögliche Bausteine Ihres Veranstaltungsknigge	Erläuterung	Ihre Anmerkungen
Einsatzbeginn	Der Einsatz beginnt mit • der gemeinsamen Lagebesprechung (bei mehrtägigen Veranstaltungen täglich) • Briefing • Aushändigen der benötigten Unterlagen • gemeinsamer Begehung, Sicherheitseinweisung, Vorbereitung der Veranstaltung, Umkleiden, einsatzfertig Machen – Stand-by/Bereitschaft für alle spätestens 30 Minuten vor Eintreffen der Gäste Bausteine für Ihre Veranstaltung auswählen, gegebenenfalls weitere Punkte ergänzen.	
Leerlaufphasen	Nutzen Sie Leerlaufphasen für kleine Checks, zum Beispiel: • Ist der Arbeitsbereich noch aufgeräumt? Gegebenenfalls wieder frischmachen. • Ist das persönliche Erscheinungsbild noch in Ordnung? • Benötigen Kollegen eventuell gerade Hilfe?	
Einsatzende	Der Einsatz der Mitarbeiter endet nicht mit dem offiziellen Veranstaltungsende, sondern erst mit dem Feedback-/Verbesserungs-/Abschlussgespräch. Hier werden alle ausgehändigten Unterlagen und Materialien wie Ablaufpläne, Regiebücher, Prepaid-Karten etc. zurückgegeben (kontrollieren!)	

Tipp

Achten Sie als Team darauf, dass die vereinbarten Regelungen auch von allen eingehalten werden – denn Negativverhalten wird leider schnell kopiert …

3.4.3 Sicherheitseinweisung

Die Veranstaltungsleitung prüft, welche sicherheitsrelevanten Faktoren bei der Veranstaltung durch das Personal zu beachten sind, und führt die Schulung dann entweder selbst durch oder delegiert diese Aufgabe an einen geeigneten Erfüllungsgehilfen. Relevante Faktoren könnten sein:

56. Arbeitshilfe zur Sicherheitseinweisung

Relevante Faktoren	Einweisung durch	Bemerkung
Wie genau ist in welchem Notfall zu verfahren? Beispielsweise bei Feuer, Unfall, Ohnmacht, Herzinfarkt, Panik etc. Dos (siehe Tipp Seite 182 VBG Verwaltungs-Berufsgenossenschaft-Aushänge ›Verhalten bei Unfällen‹ und ›Verhalten im Brandfall‹) sowie Don'ts (beispielsweise keine Arzneimittelausgabe)		
Notausgänge/Fluchtwege: gemeinsam ablaufen, gegebenenfalls auf Ausweichmöglichkeiten hinweisen		
Feuerlöscher und eventuell weitere Notfalltechnik: Ist die Bedienung bekannt?		
Sanitäter am Veranstaltungsort? Genauer Standort? Rettungswagen?		
Erste-Hilfe-Koffer: Ausstattung? Anwendung?		
Sind ausgebildete Ersthelfer vor Ort? Wer und wo? Erreichbarkeit? Erste Hilfe ist in aller Regel Laienhilfe; sie ist kein Ersatz für ärztliche Hilfe. Bei gefährlichen Verletzungen sind Erste-Hilfe-Maßnahmen so lange fortzusetzen, bis professionelle Hilfe eintrifft. Unterlassene Hilfeleistung kann zivilrechtlich strafbar sein.		
Sicherheitsrisiken vorab gemeinsam prüfen und auch während der Veranstaltung kontrollieren und reagieren. Das können sein: • Stolperfallen wie unbefestigte Kabel • rutschende Teppiche • nasser Fußboden • zurückgelassene Pakete und Gepäckstücke		

Relevante Faktoren	Einweisung durch	Bemerkung
Wichtige Rufnummern: • Polizei: 110 • Feuerwehr: 112 • Rettungsdienst/Notarzt: 112 • Das Deutsche Rote Kreuz: 19222 • gegebenenfalls auch nächstes Krankenhaus Geben Sie bei Ihrem Anruf Antwort auf folgende Fragen: 1. **Wo** geschah es? Machen Sie genaue Angaben über den Ort des Geschehens. 2. **Was** geschah? Beschreiben Sie kurz den Hergang. 3. **Wie viele** Verletzte gibt es? Machen Sie Angaben über die Anzahl der Verletzten. 4. **Welche** Art von Verletzungen? Schildern Sie möglichst genau die Verletzungen. 5. **Warten** Sie auf Rückfragen, bevor Sie auflegen.		

Tipp

Die wichtigsten Hinweise zum ›Verhalten im Brandfalle‹ und ›Verhalten bei Unfällen‹ in Form einer Kurzübersicht erhalten Sie auf der Internetseite: *http://www.vbg.de/* (geben Sie das gewünschte Thema im Suchfenster ein).

3.4.4 Dienstplan und Pausenzeiten

Erstellen Sie einen Dienstplan, aus dem die Einsatzzeiten (Anfangs- und Endzeiten) und Pausenzeiten jedes Mitarbeiters hervorgehen, damit Sie prüfen können,

- ob Sie wirklich über ausreichend Personal für Ihre Veranstaltung verfügen,
- ob Stoßzeiten personell ausreichend abgedeckt sind,
- ab wann Sie Personal reduzieren können.

Klären Sie hierbei auch Vertretungsregelungen und weisungsbefugte Ansprechpartner für das Personal (also beispielsweise wer wen von seiner Position abberufen darf, in die Pause entlassen oder Pausen verschieben kann etc.).

Gegebenenfalls wird die Veranstaltungsleitung vor Ort von diesem Einsatzplan geringfügig abweichen müssen – jedoch sind die Regelungen zu Arbeits- und Pausenzeiten (Arbeitszeitgesetz) unbedingt einzuhalten! Hier ein Muster eines solchen Dienstplanes mit Aufgaben- und Stundenübersicht:

57. Muster Dienstplan

Dienstplan							
Datum	**Zeit**	**Projektleitung**		**Team**			
		Mitarbeiter A	**Mitarbeiter B**	**Mitarbeiter C**	**Mitarbeiter D**	**Mitarbeiter E**	**Mitarbeiter F**
22.08.2014	09:00 – 10.00	x	x	x	x	E	x
22.08.2014	10.00 – 11.00	x	S	x	x	x	E
22.08.2014	11.00 – 12.00	x	0	x	S	x	0
22.08.2014	12.00 – 13.00	x	x	0	x	E	x
22.08.2014	13.00 – 14.00	E	x	S	0	x	x
22.08.2014	14.00 – 15.00	0	x	x	x	0	S
22.08.2014	15.00 – 16.00	x	E	S	x	S	x
22.08.2014	16.00 – 17.00	S	x	x	E	x	x
23.08.2014	09:00 – 10.00	x	x	E	x	E	x
23.08.2014	10.00 – 11.00	x	S	x	x	x	E
23.08.2014	11.00 – 12.00	x	0	x	S	x	0
23.08.2014	12.00 – 13.00	x	x	0	x	E	x
23.08.2014	13.00 – 14.00	s	x	S	0	x	x
23.08.2014	14.00 – 15.00	0	x	E	x	0	S
23.08.2014	15.00 – 16.00	x	E	S	x	x	x
23.08.2014	16.00 – 17.00	S	x	x	E	x	x

X = Besetzung Empfangscounter	10*	10*	8*	10*	9*	10*
E = Einlasskontrolle Saal 12	2*	2*	2*	2*	4*	2*
S = Betreuung Bus-Shuttle	2*	2*	4*	2*	1*	2*
0 = Pause	2*	2*	2*	2*	2*	2*

* Angaben der jeweiligen Stunden zwecks ausgeglichener Aufgaben-/Pausenverteilung

3.5 Der große Tag

Sie haben monatelang auf Ihren Tag x hingearbeitet, geplant, organisiert, vorbereitet – und nun ist es so weit: Heute ist der große Tag gekommen, Ihre Teilnehmer dürfen den Erfolg Ihres Schaffens live miterleben!

Folgende Eigenschaften sind heute bei der Veranstaltungsleitung besonders gefragt:

Starke Nerven: Sorgfältig ausgearbeitete Arbeitsmittel wie Ablaufplan und Regiebuch helfen Ihnen dabei, die Last der Veranstaltung auf mehrere (gut geschulte) Schultern zu verteilen!

Kraft: Tragen Sie, soweit Sie nur können, Sorge dafür, dass es Ihnen heute gut geht! Ein Veranstaltungsleiter, der seit zwei Nächten weder geschlafen noch gegessen hat, kann nichts und niemanden führen und leiten.

Kommunikationsfreude/-stärke: Diese Fähigkeit ist essenziell, um Ihre Mitarbeiter und externe Gewerke einzuweisen, anzuleiten und gegebenenfalls auch zu korrigieren.

Entscheidungsfreude: Heute werden viele Menschen mit Fragen, Problemen etc. auf Sie zukommen. Und Sie werden ad hoc entscheiden müssen, wie diese gelöst werden.

Überblick: Behalten Sie den Überblick über das Geschehen! Nur so können Sie wissen, ob alles läuft oder wo Sie eingreifen und steuern müssen.

Spaß an Lösungsfindung: Ihre Fähigkeit, auch im Ernstfall weiter denken und handeln zu können sowie schnell auf Lösungen zu kommen, ist heute Gold wert! Problemsucher lieferten bei der Vorbereitung wichtige Hinweise – aber heute braucht die Veranstaltung Problemlöser!

3.5.1 Aufgaben der Veranstaltungsleitung vor Ort

Ihre Aufgaben als Veranstaltungsleitung vor Ort werden heute umfassen (wie immer je nach Veranstaltungsart, -größe etc.):

58. Arbeitshilfe: Aufgaben der Veranstaltungsleitung

Aufgaben	Kann von VL geleistet werden	VL muss geschult werden
Locationabnahme vor Veranstaltungsbeginn (teilweise gegebenenfalls bereits Überwachung des Aufbaus) – dieser Abnahme-Rundgang findet getrennt von der Begehung mit dem Personal statt (Abnahme = Inspektion, Begehung = Information)		
Rechtzeitig vor Veranstaltungsbeginn alle im Ablaufplan aufgeführten Maßnahmen kontrollieren: • Vorbereitungsmaßnahmen (wie Aufbauten, Logistik, Mobiliar, Präsentationstechnik, Catering, Dekoration, Beleuchtung, Beschallung) auf Vollständigkeit und Funktionstüchtigkeit • Räumlichkeiten (zum Beispiel Saal, Bühne, Toilette, Garderobe, Künstlergarderoben etc.) auf Sauberkeit und gebuchte Ausstattung • Material (zum Beispiel Registrierungstechnik, Teilnehmerlisten, Teilnehmermaterial, Infomaterial, Broschüren) • Umsetzung des Firmen-CD und der CI-Vorgaben • Sicherheitsbestimmungen zu Fluchtwegen, Feuerlöscher, Sanitäter etc. • Anlieferungs-, Anfahrts-, Park- und Einlasssituation • Anwesenheit aller Erfüllungsgehilfen wie Techniker, Catering- und Servicepersonal, Künstler, Speaker, Hostessen, Veranstaltungspersonal etc. zur jeweiligen in Ablaufplan genannten Anwesenheitszeit		
Delegieren der zu erledigenden Aufgaben an externe Partner, Gewerke, Erfüllungsgehilfen anhand des Ablaufplans der Veranstaltung – inklusive • Kontrolle • Steuerung • gegebenenfalls Aufforderung zum Nachbessern • Abnahme		
Erstellen und überwachen des Dienstplanes/der Einsatzplanung inklusive Pausenzeiten Achtung: gesetzliche Arbeitszeitvorschriften beachten!		
Festlegen oder gegebenenfalls auch ändern von Aufgaben/ Positionen		

Aufgaben	Kann von VL geleistet werden	VL muss geschult werden
Delegieren von zu erledigenden Aufgaben an einzelne Mitarbeiter des Veranstaltungsteams – inklusive • Kontrolle • Steuerung • Positives und Verbesserungs-Feedback • Abnahme		
Briefing/Schulung/Einweisung des Teams (interne wie externe Veranstaltungsmitarbeiter) – siehe Kapitel 3.4.1		
Der Einsatz beginnt mit • der gemeinsamen Lage- und Tagesbesprechung (bei mehrtägigen Veranstaltungen täglich) • Briefing • Beschreibung, was uns heute erwartet (best case, worst case) • Aushändigen der benötigten Unterlagen (Unterlagen mit jeweiligem Namen beschriften) • gemeinsamer Begehung • Sicherheitseinweisung (siehe Kapitel 3.4.3) • Vorbereitung der Veranstaltung • kurzer Vorbereitungspause • Umkleiden, einsatzfertig machen • Stand-by für alle spätestens 30 Minuten vor Eintreffen der Gäste		
Empfang wichtiger Besucher, VIPs, Ehrengäste, Speaker etc.		
Beschwerdemanagement – siehe Kapitel 3.5.3		
Permanente Überwachung der inhaltlichen und zeitlichen Angaben des Ablaufplans		
Bei Überziehungen etc. nach Absprache mit dem Auftraggeber auch Entscheidungen treffen, eingreifen, steuern, korrigieren		
Zeitliche Abweichungen an externe Dienstleister (wie Catering, Technik etc.) und das Veranstaltungsteam kommunizieren		
Im Fall der Fälle Plan B organisieren		
Der Einsatz endet nicht mit offiziellem Veranstaltungsende, sondern erst mit dem Feedback-/Verbesserungs-/Abschlussgespräch. Hier werden alle ausgehändigten Unterlagen und Materialien wie Ablaufpläne, Regiebücher etc. zurückgegeben (kontrollieren!)		

Tipp

Die Veranstaltungsleitung überwacht, kontrolliert, steuert und kommuniziert während der Veranstaltung. Sie ist Ansprechpartner für ihr Team, Teilnehmer und externe Dienstleister. Sie ist Anlaufstelle und Lösungsfinder für alles Unvorhergesehene – das ist genug. Diese Aufgaben kann sie nur erfüllen, wenn sie stets präsent ist und den Überblick über den gesamten Ablauf behält. Wenn sich der Veranstaltungsleiter für operative Aufgaben einträgt, wurde definitiv am falschen Ende gespart.

3.5.2 Positives und negatives Feedback

Feedback kann bereits während einer Veranstaltung nötig werden, beispielsweise wenn Ihnen bei Veranstaltungsmitarbeitern bemerkenswert positives und/oder auch negatives Verhalten auffällt, oder aber wenn Sie mit Leistungen oder Personal bei externen Partnern besonders oder auch nicht zufrieden sind. In jedem Falle aber sollte qualifiziertes Feedback zeitnah im Anschluss an die Veranstaltung gegeben werden.

Interne Feedback-Gespräche

Bei den Feedbackgesprächen mit dem Veranstaltungsteam und den internen Mitarbeitern geht es vor allem darum, für die erbrachte Leistung das verdiente Lob auszusprechen – zumal es sich bei den Leistungen häufig um Überstunden handelt.

Dieses Lob sollte qualifiziert und detailliert erfolgen, also kein Standardsatz im Sinne von: ›Danke, habt ihr prima gemacht‹, sondern eher: ›Frau X, ich danke Ihnen dafür, dass Sie die Teilnehmerregistrierung so gewissenhaft, koordiniert und zügig durchgeführt haben! Sie haben damit wesentlich zum Erfolg unserer Veranstaltung beigetragen.‹

Natürlich muss dies auch berechtigt und verdient sein – ansonsten ist es vielleicht eher Zeit für ein Kritikgespräch (welches – ganz im Gegensatz zum Lob – immer unter vier Augen erfolgen sollte). Klären Sie, was schiefging und warum – möglichst sachlich und konstruktiv!

Wichtig ist es zu besprechen, was Sie sich gewünscht hätten und wo die Abweichungen davon lagen. Häufig entstehen solche Abweichungen, weil im Vorfeld nicht verstanden wurde, wie welche Leistung hätte erbracht werden sollen. Möglich wäre allerdings auch, dass die Bedingungen während der Veranstaltung das gewünschte Verhalten nicht möglich gemacht haben – so werden etwa Hostessen, die eine Messe auf Zehn-Zentimeter-Absätzen überstehen müssen, am Ende eines Messetages eher Grimassen schneiden als freundlich lächeln.

Feedback an externe Partner

Bei dem Feedback an externe Partner und Dienstleister sollte direkt während der Veranstaltung festgehalten werden, ob die gebuchten Leistungen im bestellten Maße zur gewünschten Zeit am rechten Ort waren, also ob alles in Ordnung war oder ob es zu Abweichungen oder Engpässen kam. Falls Leistungen schad- beziehungsweise mangelhaft waren, muss der externe Dienstleister die Möglichkeit des Nachbesserns erhalten. Wenn dies nicht geleistet werden kann, kann die Beschaffung von Ersatz veranlasst werden, was finanziellen Aufwand bedeutet. Hier muss festgehalten werden, wer die entstehenden Kosten in welchem Umfang trägt und wie der Rechnungsbetrag des externen Partners gemindert wird, um die Aufwendungen aufzufangen.

Aber auch wenn alles in Ordnung und in Ihrem Sinne war, ist Feedback für externe Partner wichtig! Was hätte besser laufen können? Wo war der Ablauf noch nicht rund? Gute Dienstleister sind dankbar für solche Tipps und Hinweise. Denn beim Feedback sollten alle Beteiligten versuchen, aus den Rückmeldungen zu lernen, um sich für Folgeaktionen zu verbessern.

Externe Dienstleister und Partner freuen sich übrigens über Dankschreiben, die sie zu Werbezwecken nutzen dürfen. Da Empfehlungen in dieser Branche das A und O sind, ist nichts so werbewirksam wie der O-Ton eines zufriedenen Kunden.

3.5.3 Beschwerdemanagement, Troubleshooting

Natürlich freuen Sie sich als Veranstalter nicht gerade, wenn es bei Ihrer Veranstaltung zu Beschwerden von Teilnehmern kommt. Dennoch sind gerade diese ein wichtiges Mittel,

- um Verbesserungsbedarf zu erkennen,
- um schnell reagieren und bestimmte Situationen korrigieren zu können, bevor diese jedem Teilnehmer auffallen,
- um den verärgerten Teilnehmer einzufangen und die Veranstaltung für diesen Menschen wieder akzeptabel zu gestalten,
- um gegebenenfalls externe Partner zum schnellen Nachbessern aufzufordern oder einen Plan B einzuleiten.

Bei Beschwerden ist es oberste Pflicht, den Teilnehmer ernst zu nehmen. Nicht nur, weil dieser Ihr Gast ist und auch so behandelt werden sollte – Teilnehmer, die sich über etwas ärgern, reden gerne und viel darüber – und können damit andere Teilnehmer und deren Blickwinkel auf die gesamte Veranstaltung maßgeblich beeinflussen.

Eine solche Negativ-Kette können Sie nur unterbrechen, wenn Sie
a. aktiv auf Körpersprache und Mimik von Teilnehmern achten und offensichtlich verärgerte oder unzufriedene Menschen aktiv ansprechen und
b. Beschwerden richtig annehmen und die jeweilige Situation auflösen.

Tipp

Die zehn Gebote des professionellen Beschwerdemanagements in meiner Veranstaltungsagentur lauten:
1. fragen
2. ausreden lassen
3. ernst nehmen
4. aktiv zuhören
5. Verständnis zeigen
6. sich persönlich und verbindlich entschuldigen
7. für den wichtigen Hinweis bedanken
8. gegebenenfalls zu einem passenden Ansprechpartner begleiten
9. andernfalls selbst die Kontaktdaten des Gesprächspartners und die Fakten der Beschwerde festhalten
10. unbedingt dafür Sorge tragen, dass sich ein kompetenter Ansprechpartner im vereinbarten Zeitraum beim Gast meldet!

Folgende Auswahl möglicher Fragen soll Ihnen helfen, selbst auf der Sachebene zu bleiben und die häufig emotionalen Äußerungen mit konkreten Inhalten zu füllen:

59. Arbeitshilfe zum Beschwerdemanagement

Mögliche Fragen	Ihre Notizen
Was genau ist geschehen?	
Welcher Schaden ist entstanden?	
Wann genau ist es passiert?	
Wo und wie genau?	
Wer war dabei/beteiligt?	
Gab es einen bestimmten Verursacher?	
Wurde dies irgendwie dokumentiert?	
Welche Maßnahmen müssen jetzt sofort ergriffen werden?	
Welche Kompensation wünscht sich der Gast?	
Welche Kompensation können Sie anbieten?	

Der Gast interessiert sich erst einmal für eine Lösung seines Problems. Ob und inwieweit gegebenenfalls eine Versicherung greift, ist für ihn meist sekundär.

Sie sollten sich Notizen machen, den Teilnehmer seine Sicht der Dinge schildern lassen, ernsthaft, empathisch und verbindlich sein. Sollte jemand offensichtlich Freude daran haben, sich vor anderen Teilnehmern lautstark zu beschweren, bitten Sie diese Person aus dem Veranstaltungsbereich, damit die Veranstaltung für die anderen Gäste ungestört weitergehen kann.

Bewahren Sie auf jeden Fall die Ruhe, besonders in unangenehmen Situationen. Denken Sie daran, der Gast meint nicht Sie persönlich. Lassen Sie nicht zu, dass fehlende Höflichkeit oder Frustration Ihr Verhalten beeinflusst. Seien Sie nie aggressiv und gehen Sie nie auf Konfrontationskurs.

Vermeiden Sie die klassischen Vogel-Strauß-Formeln wie: ›Das weiß ich nicht‹, ›Das war ich nicht‹, ›Das kann ich nicht‹. So etwas bringt den verärgerten Gast nur zusätzlich auf.

Und vermeiden Sie unbedingt Killerphrasen wie ›Wenn ich Sie mal unterbrechen darf‹, ›Da haben Sie mich falsch verstanden‹, ›Das kann ich Ihnen auch nicht sagen‹ oder ›Da kann ich Ihnen auch nicht helfen‹.

Wenn Sie selbst keine direkte Lösung herbeiführen können, geben Sie dennoch positive Information wie: ›Das kläre ich sofort für Sie, wie kann ich Sie erreichen, um Ihnen die gewünschte Information zu geben?‹ oder ›Ich rufe Ihnen gerne Herrn/Frau X, er/sie ist hier genau der richtige Ansprechpartner für Sie. Möchten Sie hier warten?‹ etc.

Meist holen Sie bereits damit den aufgebrachten Gast von der emotionalen Ebene auf die Sachebene zurück. Und selbst wenn Ihnen das einmal nicht gelingen sollte: Es ist in jedem Falle besser, es versucht zu haben, als gar nichts zu tun.

Tipp

Da der Umgang mit aufgebrachten Menschen oder das Auflösen unangenehmer Situationen nicht jedem gegeben ist, kann es sinnvoll sein, aus dem Team einen Beschwerdemanager zu ernennen, der die erste Anlaufstelle bildet. Bei ernsthaften Komplikationen sollte der Veranstaltungsleiter sofort hinzugezogen werden.

4. Die Veranstaltungs-nachbereitung

4.1 Zu erledigende Aufgaben nach der Veranstaltung

Auch nach der Veranstaltung ist die Arbeit des Veranstaltungsmanagers noch nicht beendet! Einiges muss sogar noch vor Ort kontrolliert, geklärt und erledigt werden. Die noch zu erledigenden Aufgaben sollten möglichst zeitnah nach der Veranstaltung erfolgen, damit alle Eindrücke noch frisch sind. Denn nun möchten zum einen die Auftraggeber und die Beteiligten möglichst schnell erfahren, ob sich der ganze Aufwand gelohnt hat, zum anderen stehen meist schon wieder die nächsten Projekte an!

Eine gründliche Nachbereitung spart Ihnen bei kommenden Veranstaltungen Zeit und Geld!

60. Arbeitshilfe: Veranstaltungsnachbereitung

Zu erledigende Aufgaben – noch am Veranstaltungsort	Wer?	Bemerkung
Sprechen Sie allen Beteiligten (intern wie extern) Ihren persönlichen Dank aus.		
Gegebenenfalls sofort Versand von Pressemeldungen, Pressefotos etc. (je nach Dringlichkeit der Meldungen)		
Abbau, eventuell Rückbauten zum Ursprungszustand, Beschilderung, Beflaggung etc. entfernen		
Kontrollieren, ob Location und Material in ordnungsgemäßem Zustand hinterlassen und zurückgegeben werden		
Abnahme der Rückbauten, Abnahme der Location		
Erfassen von Schwund, Buch und Schäden, gegebenenfalls für Versicherung dokumentieren		
Ordnungsgemäße Abfallentsorgung prüfen		
Zu erledigende Aufgaben – zeitnah nach Veranstaltung	**Wer?**	**Bemerkung**
Qualifiziertes Feedback an Projektteam und Veranstaltungsteam		
Nachbesprechung der Veranstaltung, Abläufe, Zusammenarbeit mit externen Partnern etc. mit dem Ziel, Verbesserungsmöglichkeiten für Folgeveranstaltungen zu ermitteln		
Dankschreiben an • Sponsoren, Speaker, Dienstleister • gegebenenfalls auch an Mitwirkende und Helfer (je nach Leistung und Einsatz)		
Rechtliches abschließen, zum Beispiel Steuermeldungen, Spendenbescheinigungen, Versicherungsfälle etc.		

Zu erledigende Aufgaben – zeitnah nach Veranstaltung	Wer?	Bemerkung
Versenden der versprochenen Unterlagen, Reden, Protokolle, Fotos etc. an die Teilnehmer oder als Download bereitstellen und Teilnehmer darüber informieren		
Update der Webseite, gegebenenfalls Fotos einstellen (Rechte beachten), Teaser (Anreize) und Infos für Folgeveranstaltungen		
Endabrechnung erstellen, Abschlussrechnungen bezahlen		
Budget- und Ausgabenkontrolle durchführen, kontinuierliche Kostenkontrolle aktualisieren, gegebenenfalls Zusatzkosten, Mehrverbrauch etc. erfassen, Soll-Ist-Vergleich durchführen		
Berichterstattung in den Medien verfolgen, auswerten und Clippings sammeln		
Erfolgsmessung (siehe auch Kapitel 4.2) der Veranstaltung abschließen und auswerten, ROI bestimmen		
Abschlussbericht erstellen (siehe Kapitel 4.3)		
Abschlussbericht an Vorgesetzten/internen Auftraggeber senden, mit Empfehlungen und konkreten Hinweisen für Folgeveranstaltung		
Info zur Zielerreichung an Projektteam		
Adress- und/oder Namensänderungen von Teilnehmern in die Datei oder das CRM-System einpflegen		

4.2 Kontrolle der Zielerreichung und Erfolgsmessung

Einer der spannendsten Aspekte der Veranstaltungsnachbearbeitung besteht sicherlich darin, festzustellen, ob und inwiefern gesetzte Ziele erreicht wurden. Folgende Kontrollfragen können Ihnen dabei helfen:

61. Checkliste: Kontrolle der Zielerreichung und Erfolgsmessung

Zu klärende Details	Ihre Anmerkungen
Wurden die zu Beginn definierten Ziele im geplanten Umfang und im gesetzten Zeitrahmen erreicht?	
Wurde dabei das Budget eingehalten?	
Möchten Sie weitere Veranstaltungen dieser Art durchführen?	
Sollen die Ziele in Art und Umfang gleich bleiben oder werden Sie sich für weitere Veranstaltungen andere, eventuell auch höhere Ziele setzen?	
Wurden die Ziele nicht erreicht? In diesem Falle sollten Sie die Gründe dafür genau untersuchen, um nicht vielleicht ein Veranstaltungskonzept vorschnell einzustellen, bei dem eventuell nur Bausteine wie Zeit, Ort, Zielgruppe etc. falsch gewählt waren. Hinterfragen Sie: • Inwiefern wurden die Ziele nicht erreicht? Wie hoch ist die Abweichung vom Ziel? • Warum wurde das Ziel nicht erreicht? Handelt es sich um veränderliche Faktoren (zum Beispiel Schulungsinhalte oder andere Auswahlkriterien beim Veranstaltungspersonals, etc.) oder höhere Gewalt wie das Wetter? • Was kann durch die gerade absolvierte Veranstaltung für Folgeveranstaltungen gelernt werden? • Was soll bei Folgeveranstaltungen gegebenenfalls verändert werden (Zeit, Ort, Programm ...)? • Werden zur künftigen Zielerreichung zusätzliche Mittel (Budget-Anpassung, weiteres Personal, zusätzliches Know-how) benötigt? • Soll Ihre Veranstaltung eingestellt oder erneut durchgeführt werden?	
Informieren Sie auch Ihr Projektteam und, falls nicht identisch, Ihr Veranstaltungsteam über die Zielerreichung oder die Abweichung von den Zielen!	

4.3 Abschlussbericht

Den endgültigen Abschluss Ihrer Veranstaltung bildet Ihr Abschlussbericht, in dem Sie alle relevanten Informationen und Details schriftlich festhalten. Mit dem Abschlussbericht ermöglichen Sie sich und anderen Personen schnellen Zugriff auf alle wichtigen Daten und Fakten, damit Sie und andere sich bei Folgeveranstaltungen schnell informieren und in das Thema einlesen können.

Folgende Fragen sollten mit dem Abschlussbericht (mindestens) beantwortet werden:

62. Arbeitshilfe: Abschlussbericht

Kontrollfragen	Ihre Anmerkungen
Was waren die (detaillierten!) Ziele dieser Veranstaltung?	
In welchem Zeitraum sollten diese erfüllt werden (kurz-, mittel- oder langfristige Ziele)?	
Wurden die vorab definierten Ziele erreicht?	
Wie hoch war das Veranstaltungsbudget?	
Gab es Abweichungen vom Budget? Wenn ja, wofür?	
Was blieb den Teilnehmern positiv in Erinnerung? (aus Erfolgsmessung ermitteln)	
Was wurde negativ bewertet?	
Kann mit Folgeveranstaltungen auf dieser Veranstaltung aufgebaut werden?	
Mit welchen Mitteln wurde die Erfolgsmessung durchgeführt? (Zum Beispiel persönliche Befragung, Feedbackbogen etc.) Rücklaufquote, Beteiligungsquote?	
Was sind die genauen Ergebnisse der Evaluierung?	
Wird die Veranstaltung aus Sicht des Veranstalters als Erfolg gewertet?	
Was würden Sie mit Ihrem heutigen Wissen beim nächsten Mal anders machen? Wo sehen Sie Verbesserungsbedarf?	

Ihr Abschlussbericht ergibt zusammen mit Ihren Veranstaltungsunterlagen wie

- Ablaufplan,
- Regiebuch,
- Budgetierungs-Checkliste,
- Soll-Ist-Vergleich,
- Teilnehmerschriftverkehr/-Infos/-Unterlagen,
- Aufzeichnungen, Fotos,
- internen und externen Feedbacks,
- Dokumentation,
- Clippings und Berichterstattungen etc.

eine aussagekräftige Abschlussdokumentation Ihrer Veranstaltung!

5. Know-how für spezielle Veranstaltungen

Messeauftritte, kreative Events, Grüne Events, Charity, Social und Cultural Events

Ergänzend zur klassischen Veranstaltungsorganisation, die in den Kapiteln 1 bis 4 behandelt wurde, erhalten Sie im letzten Kapitel noch jeweils Erläuterungen und wichtige Hinweise zu einigen besonderen Event- und Veranstaltungsarten:

- Informationen und Denkanstöße zu kreativen Events
- Anregungen zur Organisation und Gestaltung grüner Events
- Planungs- und Ablaufhilfen zu Messeauftritten
- Wissenswertes zu Charity, Social und Cultural Events

Jedem dieser Themen könnte man wiederum ein eigenes Buch widmen! Um einerseits dem Platzangebot dieses Buchformates gerecht zu werden und andererseits Sie mit wichtigen Informationen zu versorgen, erhalten Sie auch hier wieder die bewährten Arbeitsfragen, Planungshilfen und Checklisten.

5.1 Denkanstöße zu kreativen Events

Kreative Events sollten sich durch einen gewissen Ereignis- oder Erlebnisfaktor von den klassischen Veranstaltungskonzepten abheben. Ein reines Übertreffen früherer Veranstaltungen nach dem Motto ›Größer, lauter, teurer‹ bringt auf die Dauer keinen Erfolg – und wird zu einem finanziell untragbaren Marketinginstrument.

Wenn Sie kreative Events kreieren möchten, achten Sie darauf, dass

- sich diese positiv von den Veranstaltungen Ihres Wettbewerbs abheben,
- diese tatsächlich mit Ihrem Unternehmen (und nicht nur mit Ihrer Branche) verknüpft werden,
- sie Berichtswert haben. Über Ihre Veranstaltungen soll gesprochen werden.

Im Idealfall soll Ihr kreatives Event den Teilnehmern bereits heute Lust auf den Besuch Ihrer nächsten Veranstaltung machen.

Nutzen Sie zur Ideenfindung – möglichst im Team – die klassischen Kreativitätstechniken wie Brainstorming, Mindmapping, 6-3-5-Methode, Osborn-Checkliste und viele mehr – Sie erhalten beispielsweise bei Wikipedia eine Fülle an Informationen und Anleitungen, wenn Sie nach dem Begriff ›Kreativitätstechniken‹ suchen!

Lassen Sie sich auch von Event- und Veranstaltungsawards wie dem ADC (Art Directors Club für Deutschland e.V., *www.adc.de*) oder den ADAM & EVA-Awards des FAMAB – Verband Direkte Wirtschaftskommunikation e.V. (*www.adam-eva-award.de*) zu eigenen Ideen inspirieren.

5.1.1 Veranstaltungsidee, -motto, -thema

Wodurch bekommt der potenzielle Teilnehmer einen ersten Eindruck von Ihrer Veranstaltung? Durch Ihre Einladung beziehungsweise die Ankündigung Ihrer Veranstaltung.

Und mit welchen Worten sprechen Sie von Ihrer Veranstaltung, wie kündigen Sie diese an, welchen Namen trägt sie? Welchen Eindruck vermitteln Ihre Worte beim Empfänger? Achten Sie darauf, Ihre potenziellen Teilnehmer neugierig zu machen und zu begeistern – und nicht bereits mit Ihrer Einladung zu verlieren.

Welche Idee steckt hinter Ihrer Veranstaltung? Verwenden Sie besondere Sorgfalt auf den Titel oder das Motto Ihres Events. Ein interessantes Motto lässt ein Bild in den Köpfen der potenziellen Teilnehmer entstehen und weckt Lust auf die Teilnahme.

Bei Ihrem Event selbst werden Sie die Idee, Botschaft, das Motto oder den Titel in Ihrer ganz eigenen Inszenierung erlebbar machen – beispielsweise über Bilder oder in Form einer Geschichte. Somit dienen Idee oder Motto nicht nur der Besucherwerbung, sondern auch Ihrer Umsetzungsstrategie, da alle weiteren Maßnahmen und Aktionen hiervon abgeleitet werden können.

Der große Vorteil einer individuellen Idee, Konzeption und Umsetzung liegt in der Einzigartigkeit und Unverwechselbarkeit Ihres Events. Dadurch kann eine wirklich nachhaltige Wirkung und Erinnerung bei den Teilnehmern erreicht werden.

5.1.2 Die Dramaturgie Ihrer Veranstaltung

Eine spannende Veranstaltung verlangt einen spannenden Ablauf, eine bestimmte Dramaturgie, bestehend aus:

Opening/Einführung

Hier bieten Sie Ihren Teilnehmern Einstimmungshilfen auf das nun folgende Themengebiet. Das Opening oder der Einführungsteil soll Ihren Teilnehmern helfen, den Faden nicht zu verlieren und den Inhalten und dem Geschehen folgen zu können.

Mittelteil

Im Mittelteil achten Sie auf eine ausreichende Informationsvermittlung, aber auch auf den Unterhaltungsaspekt und das ausgewogene Timing und Tempo der einzelnen Bausteine. Hier können Sie beispielsweise mit veränderlichen Geschwindigkeiten (wie Zeitlupe, Zeitraffer, Zeitsprung), Steigerungen und Höhepunkten arbeiten – und je nach Thema ruhig auch Fragen aufwerfen.

Finale/Abschluss

Das Finale ist der Paukenschlag Ihrer Veranstaltung! Hier bieten Sie Lösungen, Harmonie, Emotion. Das Finale soll Ihren Teilnehmern in Erinnerung bleiben, ein Ausrufezeichen setzen und zu einer Handlung aktivieren.

Bedenken Sie stets: Der erste Eindruck entscheidet, der letzte bleibt!

5.1.3 Erlebnisfaktor: Ein Fest für alle Sinne!

Verlieren Sie den Erlebnisfaktor für Ihre Teilnehmer nicht aus den Augen!

Bei der Umsetzung Ihrer Idee, Ihres Themas oder Mottos kommt es darauf an, möglichst alle Sinne der Teilnehmer anzusprechen. Je gekonnter die Sinne aktiviert werden, desto mehr sind Ihre Teilnehmer bei der Sache und desto nachhaltiger ist die Wirkung. Der Schlüssel zum Erfolg liegt in der Einbindung und Aktivierung Ihrer Teilnehmer!

Einfach, aber zentral: Ihre Zielgruppe besteht aus Menschen, denen Sie behilflich sein müssen, die angebotenen Informationen, Details, Aspekte etc. zu erfassen und aufzunehmen.

63. Arbeitshilfe: Erlebnisfaktor – Die Sinne

Die Sinne	Beispiele zur Einbindung der Sinne	Ihre Anmerkungen
Sehen (visuell)	Werbung, Einladung, Location, Beleuchtung, Bühne, Dekoration, Kostüme etc.	
Hören (auditiv)	Raum-/Saal-Akustik, Stimme Referenten, Moderator, Klangteppich, Musik etc.	
Schmecken (gustatorisch)	Speisen und Getränke: Themen über Speisen erlebbar machen (wie schmeckt Frühling? Wie schmeckt Abenteuer?)	
Riechen (olfaktorisch)	Speisen und Getränke, Duftkonzepte, Erlebnisse über Aromen näher bringen	
Spüren (haptisch)	Aktivierung, Interaktion, Bewegung	

Tipp

Gestalten Sie Ihr kreatives Event im wahrsten Sinne des Wortes ›merk-würdig‹! Prüfen Sie Ihr Kreativ-Konzept auch anhand der Checkliste *Schnell-Check Verbesserungsbedarf am Veranstaltungskonzept* (siehe Kapitel 2.8.2), um Schwachstellen rechtzeitig zu erkennen und noch verbessern zu können!

5.2 Nachhaltige Event- und Veranstaltungsorganisation/Grüne Events und Veranstaltungen

Immer mehr Unternehmen verschreiben sich dem Thema Nachhaltigkeit und dem verantwortungsvollen Umgang mit Ressourcen – und möchten dies dann natürlich auch bei ihren Veranstaltungen und Events gelebt wissen. Daher werben heute immer mehr Dienstleister, Agenturen, Locations etc. mit Begriffen wie ›Green Meetings‹ und ›Grüne Events‹. Dabei bedeutet ›grün‹ keineswegs, dass es dadurch für die Teilnehmer zu Qualitätseinbußen kommt oder dass die Veranstaltung dadurch wesentlich teurer wird. Um aber ›grün‹ ökologisch und ökonomisch sinnvoll sowie für die Teilnehmer glaubhaft und positiv umzusetzen, ist schon bei der Planung einiges zu beachten:

Inzwischen gibt es national wie international zahlreiche Zertifikate von Green Globe bis ISO 20121, mit denen Anbieter ihre Leistungen als nachhaltig und/oder grün kenntlich machen. Für die veranstaltenden Unternehmen ist es nicht gerade einfach, den Überblick über die Zertifikatlandschaft zu behalten. Das GCB German Convention Bureau e.V. nimmt sich der Thematik Nachhaltigkeit bei Veranstaltungen, Kongressen und Events ausführlich an und stellt Informationen und Broschüren zu dieser Aufgabenstellung sowie einen CO_2-Rechner zur Ermittlung der Emissionswerte einer Veranstaltung zur Verfügung (siehe *www.germany.travel/de/gcb/green-meetings/green-meetings/green-meetings.html*). Außerdem bildet das GCB interessierte Veranstaltungsplaner/-manager zu Nachhaltigkeitsberatern aus!

Auch das Bundesumweltministerium (BMU; *www.bmu.de*) und der Verband Deutsches Reisemanagement (VDR; *www.vdr-service.de*) unterstützen Sie mit Leitfäden und Broschüren, mit denen Sie selbstständig die Umweltbilanz Ihrer Events und Veranstaltungen verbessern können.

Sie möchten Ihre Veranstaltungen grüner und nachhaltiger umsetzen?

Dann besteht Ihre erste Aufgabe darin festzulegen, wie grün und wie nachhaltig Ihre Veranstaltung sein und welchen nachhaltigen positiven Beitrag die Veranstaltung ökonomisch, ökologisch und sozial leisten soll. Möchten Sie beispielsweise mit Ihrer Veranstaltung

- Umwelt und Klima schonen/entlasten?
- Ressourcen schonen?
- gegebenenfalls durch Ressourceneinsparung sogar Ihre Kosten reduzieren?

- ein positives, grünes Image aufbauen oder stärken?

Je nach Ziel werden Sie andere Maßnahmen in Ihren Fokus stellen. Konzentrieren Sie sich aber bei Ihren Umwelt-Strategien auf die wirklich relevanten Faktoren! Laut Atmosfair (*www.atmosfair.de*) hat bereits die Wahl des Veranstaltungsortes durch den entstehenden Anreiseaufwand sowie die Auswahl der genutzten Verkehrsmittel den bedeutendsten Einfluss auf die Klimabilanz Ihrer Veranstaltung! So entfallen laut Atmosfair rund 70 Prozent der CO_2-Emissionen einer Veranstaltung auf die Anreise, 15 Prozent auf die Unterkunft, 10 Prozent auf die Verpflegung und rund 5 Prozent auf Veranstaltungsgelände und Infrastruktur.

Aber auch soziale Aspekte und Projekte sind ein fester Bestandteil des Themas Nachhaltigkeit – und sollten nicht nur zu Marketingzwecken verfolgt werden.

Legen Sie also gemeinsam mit Ihrem Organisationsteam Nachhaltigkeitsziele und -kriterien fest, die Sie vor, während und nach der Veranstaltung erreichen und umsetzen möchten. Wichtig: Legen Sie diese gemeinsam fest, damit das Team auch wirklich hinter den Zielen steht. Wandeln Sie die gewünschten Nachhaltigkeitsfaktoren in konkrete und messbare Ziele um, an die Sie, Ihre Dienstleister, Ihr Team und Ihre Teilnehmer sich halten wollen.

Erst dann wählen Sie die passenden Partner aus, mit denen Sie Ihre Ziele beziehungsweise die definierten Auflagen umsetzen können und möchten.

Die Tabelle auf der folgenden Seite zeigt mögliche Anordnungen, Auflagen und Maßnahmen für nachhaltige Events und Veranstaltungen.

64. Arbeitshilfe: Nachhaltige Events und Veranstaltungen

Bereiche	Erläuterungen, mögliche Maßnahmen	Anwendbar für Ihre Veranstaltung?
Wahl einer Veranstaltungsart, die es Ihnen ermöglicht, nachhaltig zu agieren	Gegebenenfalls Roadshow, anstatt alle Mitarbeiter/ Kunden/Lieferanten etc. an einen zentralen Ort zu bringen Zuschaltungen/Live-Schaltungen, anstatt (alle) Speaker anreisen zu lassen	
Bewusste Auswahl der Destination	Möglichst zentral, möglichst kurze (Anreise-)Wege, mit ökologisch sinnvollen Transportmitteln gut erreichbar	
Anreise	Wenn zeitlich vertretbar: Besser Bahn als Flugzeug Bei Bahn: Veranstaltungstickets buchen (werden mit 100 Prozent Ökostrom durchgeführt) – Infos unter *www.bahn.de/veranstaltungsticket* Generell Hotels, Locations etc. mit möglichst kurzen Anreise- und Fahrtwegen für die Teilnehmer auswählen Emissionsfreie oder emissionsreduzierte Transportmittel wählen	
Shuttles	Gute Alternativen zum Taxi oder zu Pkw-Shuttles suchen, wie Velotaxi oder auch E-Bikes, kostenlose Nahverkehrstickets, Gruppen-Shuttles statt Einzelfahrten Und wenn schon Taxi, dann möglichst Hybrid- oder Elektrofahrzeuge wählen	
Location/ Veranstaltungsstätte	Nach Nachhaltigkeits-, Klima- und Umweltschutzaspekten auswählen Anreiseaspekte beachten (Wie ist die Anbindung an das öffentliche Verkehrsnetz? Nähe zum Bahnhof? Nähe zum Hotel? etc.) Zertifizierungen beachten und hinterfragen	
Externe Dienstleister und Veranstaltungspartner	Legen Sie Ihre Auswahlkriterien in Bezug auf Ökologie, Nachhaltigkeit, Soziales etc. fest, welche die für Sie infrage kommenden Partner erfüllen müssen. Wählen Sie beispielsweise Partner aus, die sich den ›fairpflichtet‹-Leitlinien (*www.fairpflichtet.de/leitlinien*) – einer freiwilligen Selbstverpflichtung zur Einhaltung des Nachhaltigkeitskodex in Bezug auf Ökonomie, Ökologie und sozialen Aspekten – verschreiben. Bevorzugen Sie bewusst regionale Partner, die nachhaltig agieren. Wird dies zum Wettbewerbsvorteil, werden sich immer mehr Anbieter diesem Trend anschließen.	

Bereiche	Erläuterungen, mögliche Maßnahmen	Anwendbar für Ihre Veranstaltung?
(Tagungs-)Hotel	Beispielsweise nach Kriterien wie den Certified Green Hotels (*www.vdr-service.de/hotel-zertifizierung/certified-green-hotel/*) auswählen Geprüft werden hierbei unter anderem zahlreiche Kriterien folgender Kategorien: **Energiethemen** wie Strom/Heizenergie aus regenerativen Quellen, Einsatz von Energiesparlampen und energiesparenden Geräten, automatische Abschaltung von Heizung/Klimaanlage bei geöffnetem Fenster, Wärmeisolierung etc. **Umgang mit Wasser,** zum Beispiel Regenwassernutzung, wassersparende Maschinen, Einsatz von Durchflussbegrenzern etc. **Umgang mit und Vermeidung von Müll**, zum Beispiel Einsatz von Mehrwegverpackungen, Mülltrennung (auch auf Hotelzimmern), Verzicht auf Einzelportionsverpackungen, Einsatz von Großgebinden etc. **Food and Beverage:** regionale Produkte (maximal 150 km Umkreis vom Standort), saisonal erzeugte Produkte, Produkte aus ökologischem Landbau, aus fairem Handel, Verzicht auf Fertigprodukte etc. **Anreise/Verkehr:** Jobtickets für Mitarbeiter, kostenlose ÖPNV-Tickets für Teilnehmer, Fahrradverleih/E-Bikes, Bei Taxieinsatz Bevorzugung von Fahrzeugen mit alternativen Antrieben (Erdgas, Elektro und Hybrid), Veranstaltungsticket der Bahn **CSR Corporate Social Responsibility**, also die unternehmerische Gesellschaftsverantwortung: zum Beispiel Unterstützung der örtlichen ›Tafel‹ oder Ähnliches, Beteiligung von Mitarbeitern und Gästen an sozialen Projekten, Beschäftigung von Behinderten über das gesetzlich geforderte Maß, Barrierefreiheit, Diversity Management – Förderung der sozialen und kulturellen Vielfalt etc. **Information und Management:** unter anderem Nachhaltigkeitsprogramme mit bestimmten, messbaren Zielsetzungen und Kontrollmechanismen, die auch öffentlich dokumentiert und kommuniziert werden; konkrete Verantwortlichkeiten und Zuständigkeiten, Gästeinformation zum Verständnis und zur Unterstützung des Nachhaltigkeitsprogramms, Anreize für Mitarbeiter, das Nachhaltigkeitsprogramm zu unterstützen etc. Nachhaltigkeits-Zertifizierung durch Dritte?	

Bereiche	Erläuterungen, mögliche Maßnahmen	Anwendbar für Ihre Veranstaltung?
Catering/F and B (food and beverage)/ Speisen und Getränke – und was damit in Zusammenhang steht	Regional, saisonal, ökologisch – nicht erst seit gestern machen hervorragende Köche und Caterer vor, wie stimmig Nachhaltigkeit und hervorragende Qualität bei den Produkten und Zutaten zu einem Genuss für die Gäste werden. Gerade im F-and-B-Bereich kommen nach einer Überfluss- und Verschwendungs-Epoche wieder die guten alten ehrlichen Werte an. Typische Auflagen sind hier: Saisonal, regional, bio, Radius bis maximal 150 km, Verzicht auf gentechnisch veränderte Lebensmittel, fair gehandelt etc. Die eingesetzten Materialien (Geschirr/Besteck/Gläser, Tischwäsche etc.) müssen wiederverwendbar oder zumindest recycelbar sein – und auch recycelt werden.	
Abfallmanagement, Müllvermeidung, Mülltrennung	Auch hier gilt: Müll vermeiden und Material wiederverwenden ist besser als Müllrecycling, Recycling natürlich besser als die bekannten Abfallberge bei Events. Arbeiten Sie aktiv und bewusst an der Müllvermeidung und tragen Sie Sorge dafür, dass der anfallende Müll vor und auch hinter den Kulissen entsprechend nachhaltig entsorgt wird.	
Event-Materialien	Ausstattung, Dekoration, Give-aways (Werbematerialien), Infomaterial, technisches Equipment und Material etc.: Reduce, reuse, recycle – also reduzieren, wiederverwenden, wiederaufbereiten.	
Strom, Wasser etc.	Welche Möglichkeiten zum Einsparen können Sie nutzen? Welche Alternativen bieten sich bei Ihrer Veranstaltung an?	
Papierlos	Elektronische Einladung, Online-Registrierungen, Online-Abrechnung, Veranstaltungsunterlagen zum Download, Webcasts, Event-App ... – die aktuelle Veranstaltungstechnik ermöglicht bereits in vielen Bereichen eine papierlose Abwicklung. Was passt zu Ihrer Zielgruppe? Was können Sie nutzen?	

Tue Gutes und sprich darüber! Kommunizieren Sie gegenüber Ihren Teilnehmern

- Ihre Nachhaltigkeits-Beweggründe,
- Ihre gewählten Maßnahmen,
- die Auswahlkriterien für Hotel/Location/externe Partner etc.
- und auch die Auswirkungen Ihres Handelns!

Damit machen Sie Ihr grünes Veranstaltungskonzept für die Teilnehmer nachvollziehbar und geben ihnen die Möglichkeit, hinter Ihrer Veranstaltung zu stehen.

Tipp

Die Idee, eine Veranstaltung weiter wie bisher durchzuführen und einfach über eine Zahlung klimaneutral zu stellen, hat für mich immer etwas von Ablasszahlung. Weitermachen wie bisher und irgendwo ein paar Bäume pflanzen zu lassen, ist nicht Sinn und Zweck von Umweltbewusstsein und Nachhaltigkeit. Generell sollte Umweltbelastung zuerst einmal vermieden werden und nur wenn und wo dies nicht möglich ist, sollte über Kompensation nachgedacht werden. Unabhängige Organisationen wie *atmosfair.de, myclimate.de* oder *co$_2$ol.de* helfen Ihnen, die CO_2-Emissionen Ihrer Veranstaltung zu ermitteln, diese so weit wie möglich zu reduzieren, und realisieren dann auch die tatsächliche Kompensation – über einen finanziellen Beitrag pro Tonne ausgestoßenem CO_2, mit dem weltweit Klimaschutzprojekte umgesetzt und gefördert werden. Sie erhalten ein Zertifikat über die erbrachten Aufwendungen, das Sie wiederum für Marketingzwecke und zur Kommunikation mit den Teilnehmern nutzen können.

Machen Sie auch Ihren Teilnehmern Lust auf die Beteiligung an Ihrem Green Meeting. Stellen Sie beispielsweise den Teilnehmern eine Klima-App oder einen CO_2-Rechner zur Verfügung, mit denen sie selbst berechnen können, inwiefern ihre Anreise zu Buche schlägt und wie sich ihr verändertes Verhalten nachhaltig bemerkbar macht. Als Anreiz können Sie Teilnehmer in Gruppen antreten lassen, um einen größeren Nachhaltigkeitseffekt zu erreichen, das Bewusstsein und die Kommunikation der Teilnehmer zu diesem Thema zu verbessern und damit sogar einen Spaß- und Teambuilding-Faktor zu erzielen.

»Es gibt nichts Gutes, außer man tut es.«

Erich Kästner (1899 – 1974)

Bleiben Sie weiter am Ball, suchen Sie weiter nach Verbesserungsmöglichkeiten! Wenn Sie sich dem Thema Nachhaltigkeit bei Veranstaltungen verschreiben, starten Sie hiermit einen kontinuierlichen Prozess. Akzeptieren Sie, dass Sie an einem bestimmten Punkt einfach beginnen – und sich dann von Veranstaltung zu Veranstaltung weiter verbessern.

Auf dem Laufenden bleiben können Sie beispielsweise durch Teilnahme an Veranstaltungen wie der greenmeetings und events-Konferenz (*www.greenmeetings-und-events.de/*) und/oder über die grüne Seite des GCB (*www.gcb.de/das-gcb/green-gcb*), über welche Sie zahlreiche Best-Practice-Beispiele, Partner, Zertifikate, Empfehlungen etc. kennenlernen und im Thema bleiben.

5.3 Besonderheiten von Messeauftritten

Die Organisation von Messeauftritten hat viel mit der klassischen Veranstaltungsorganisation gemeinsam – aber es gibt einige maßgebliche Unterschiede. Das führt häufig zu Abstimmungsdefiziten und Unklarheiten.

Dem Messe-Erfolg geht eine frühzeitige und sorgfältige Planung voraus, starten Sie daher mit einer gründlich durchdachten Zeit- und Aufgabenplanung:

5.3.1 Zeit- und Aufgabenplanung für Messeauftritte

Bei der Planung und Organisation von Messeauftritten arbeiten häufig mehrere Abteilungen und Unternehmensbereiche am selben Projekt. Und das führt besonders häufig zu Abstimmungsdefiziten, Nicht-Weitergabe von Informationen oder Unklarheiten. Zur Abstimmung und Grundlage für die jeweilige Zeit- und Aufgabenplanung wird Ihnen die folgende Checkliste gute Dienste leisten. Bitte beachten Sie, dass es sich bei den genannten Zeitangaben nur um grobe Richtwerte handeln soll!

65. Checkliste: Zeit- und Aufgabenplanung für Messeauftritte

Mehr als 12 Monate* vor Messebeginn	Erledigt	Ihre Anmerkungen
Messeziele und Erwartungen festlegen (konkret, realistisch, messbar) – siehe Kapitel 5.3.3	❍	
Ihre Zielgruppe(n) definieren	❍	
Detaillierte Informationen über infrage kommende Messe(n) einholen – zum Beispiel über den AUMA, siehe www.auma-messen.de	❍	
Eingrenzung der Auswahl, Untersuchung und Bewertung des Messepublikums, gegebenenfalls bereits Entscheidung für eine bestimmte Messe	❍	

Bis 12 Monate* vor Messebeginn	Erledigt	Ihre Anmerkungen
Grobkonzept Messeauftritt für Budgetplanung (Exponate, Platzbedarf, Personal)	❍	
Grobplanung der Aktivitäten, mit denen Sie Ihre Messeziele erreichen möchten	❍	
Grobbudget/Kostenschätzung des Messeauftritts	❍	
Abwägen Kosten/Nutzen der Messebeteiligung – zum Beispiel mithilfe des AUMA-Messe-Kosten-Nutzen-Checks, www.auma.de/de/TippsFuerAussteller/MesseNutzenCheck	❍	
Entscheidung zur Teilnahme an der Messe treffen	❍	
Ernennung Projektleiter Messe	❍	
Termin- und Aufgabenplanung: Was muss bis wann erledigt sein? zum Beispiel: • Mieten des Standplatzes • Terminabsprachen mit Messebau • Absprache mit Technikern • Buchung von Veranstaltungspersonal • Buchung von Übernachtungsmöglichkeiten und Reise • und vieles mehr	 ❍ ❍ ❍ ❍ ❍	
Ernennung Projektteam Messe	❍	
Zuständigkeitsplanung: Wer ist konkret für welche Aufgaben zuständig? zum Beispiel: • Ansprechpartner für Team? • Teamleitung? • Produktschulung/Personal-Briefing durch wen? Wann? • und vieles mehr	 ❍ ❍ ❍	
Hotelrecherche und Buchungen, zum Beispiel über www.messehotels.com	❍	

Circa 11 bis 9 Monate* vor Messebeginn	Erledigt	Ihre Anmerkungen
Festlegen und freigeben des Messebudgets:		
• Erstellen des Budgetplanes	❍	
• Auflisten der Kosten für die Einzelgewerke	❍	
• Personalkosten	❍	
• Reisekosten	❍	
• Materialkosten	❍	
• Werbekosten	❍	
• Transport und Logistik	❍	
• Standmiete und Versicherung	❍	
• Technische Betreuung	❍	

Circa 9 Monate* vor Messebeginn	Erledigt	Ihre Anmerkungen
Messeunterlagen anfordern	❍	
Anforderungen an Ihren Messestand, Wunsch-Standort Ihres Messestandes (Welche Halle? Welche Stand-Art? Gegebenenfalls Standnachbarn beachten) sowie Größe des Messestandes festlegen	❍	
Materialplanung (Ausstellungsstücke, Exponate):		
• Was möchten Sie präsentieren?	❍	
• Wie viele Exponate benötigen Sie vor Ort?	❍	
• Welchen Platz nehmen diese in Anspruch?	❍	
• Ist besonderes Zubehör zur Wartung oder Pflege notwendig?	❍	
• Welches Material benötigen Sie noch? (Prospekte etc.)	❍	
Produktvorführungen		
• Sind spezielle Aktionen geplant?	❍	
• Sind Produktvorführungen vorgesehen?	❍	
• Wann, wie, durch wen?	❍	
• Werden diese beworben?	❍	
Anmeldung und Zuteilung des Messestandes	❍	
Recherche und Auswahl von Messebaufirmen	❍	

Circa 9 bis 7 Monate* vor Messebeginn	Erledigt	Ihre Anmerkungen
Technische Richtlinien und daraus resultierende Termine abarbeiten	❍	
Detaillierte Standplanung	❍	
Angebote Messebaufirmen einholen	❍	
Angebote Messebaufirmen prüfen, eventuell anpassen, entscheiden. Auftragserteilung	❍	

Bis 6 Monate* vor Messebeginn	Erledigt	Ihre Anmerkungen
Gegebenenfalls Messemotto, Thema oder Slogan festlegen	❍	
Festlegen von Art, Umfang und Budget des Werbekonzeptes: • Soll für Ihre Messepräsenz geworben werden? • In welchen Medien? Wann, wie und wie häufig? • Plakate, Wurfsendungen, Mailings? • Wird die Presse eingeladen? Spezielles Programm? Unterlagen?	 ❍ ❍ ❍ ❍	
Sonderveranstaltungen, zum Beispiel: • Sind außerhalb der Messe Sonderveranstaltungen geplant? • Kundenveranstaltungen?	 ❍ ❍	
Planung der erforderlichen Messetechnik	❍	
Buchung von externen Gewerken und Messe-Zulieferern wie • Catering • Mietmöbel • Technik etc.	 ❍ ❍ ❍	
Auswahl und Bestellung von Give-aways und Werbeartikel	❍	

Circa 6 bis 5 Monate* vor Messebeginn	Erledigt	Ihre Anmerkungen
Grafische Gestaltung des Messestandes (Displays, Grafiken etc.)	❍	
Drucksachen, Prospekte, Preislisten etc. in Auftrag geben	❍	
Pressearbeit beginnen	❍	
Interne Standmannschaft festlegen	❍	
Termine kommunizieren (Urlaubssperre)	❍	
Aufgabenbereiche definieren	❍	
Festlegen, welche Aufgaben von externen Kräften übernommen werden sollen	❍	

Circa 5 bis 4 Monate* vor Messebeginn	Erledigt	Ihre Anmerkungen
Eintrag im Messekatalog	❍	
Buchung externer Mitarbeiter und Hostessen (festlegen des Dresscodes, Messe-Knigge)	❍	
Präsentation der Messebaufirma, gegebenenfalls Änderungswünsche einarbeiten	❍	
Einladungen/Mailings an Kunden	❍	
Messestand: Strom, Wasser, Kommunikationsleitungen anfordern	❍	

Circa 5 bis 4 Monate* vor Messebeginn	Erledigt	Ihre Anmerkungen
Logistikplanung		
• Was muss bis wann angeliefert werden?	❍	
• Aufbau durch wen und bis wann?	❍	
• Abbau durch wen und ab wann möglich?	❍	
• Rücktransport ab wann?	❍	

Circa 3 bis 2 Monate* vor Messebeginn	Erledigt	Ihre Anmerkungen
Leadbögen (Leads = Kontakte mit dem Potenzial, Kunde zu werden) abstimmen, bei digitalen Leadbögen (zum Beispiel auf Tablets, iPads etc.) Nachfassaktionen planen	❍	
Material und Unterlagen für Briefings und Trainings vorbereiten	❍	
Übergabe des Messestandes von der Messebaufirma	❍	

Circa 1 Monat* vor Messebeginn	Erledigt	Ihre Anmerkungen
Schulung Standmannschaft, Messetraining – zum Beispiel:		
• Produktschulung	❍	
• Business-Knigge	❍	
• Kommunikationstraining	❍	
• Motivation	❍	
Hostessenbriefing, je nach Aufgabenbereichen auch Produktschulungen etc.	❍	
Unterlagen zur Messe an die Standmannschaft versenden (Hotelinfos, Messebroschüre, Produktinfos, allgemeine Unterlagen ...)	❍	
Ausstellerausweise beantragen	❍	

Unmittelbar vor Messebeginn	Erledigt	Ihre Anmerkungen
Überwachung Standaufbau, Nachbesserungen, Abnahme Messestand	❍	
Kontrolle Anlieferung von Material und Exponaten	❍	
Inbetriebnahme Exponate, Technik	❍	
Inbetriebnahme Catering-Equipment	❍	
Einrichten des Messestandes	❍	

Während der Messe	Erledigt	Ihre Anmerkungen
Kundenkontakt, (digitale) Lead-Erfassung, Gesprächsberichte	❍	
Bewertung des Verlaufs – eventuelle Anpassungen	❍	
Besucherbefragung und Maßnahmen zur Erfolgskontrolle	❍	

Während der Messe	Erledigt	Ihre Anmerkungen
Wettbewerbsbeobachtungen	❍	

Direkt nach Ende der Messe	Erledigt	Ihre Anmerkungen
Dank/Nachbesprechung/Feedback mit allen Beteiligten	❍	
Geordneter Abbau	❍	
Rücktransport von Exponaten	❍	
Eventuell Aufarbeitung, Reparaturen und Einlagerung Messestand	❍	

Möglichst zeitnah nach Ende der Messe	Erledigt	Ihre Anmerkungen
Nachbearbeitung der Kundenkontakte und Leads	❍	
Analyse der Messebeteiligung	❍	
Erfolgsmessung/Erreichung Unternehmensziele	❍	

Bis circa 1 Monat* nach Ende der Messe	Erledigt	Ihre Anmerkungen
Kostenerfassung, Endabrechnung	❍	
ROI (Return on Investment) ermitteln	❍	
Strategie für künftige Messeprojekte; Anpassungen, Änderungen?	❍	

Bis circa 2 Monat* nach Ende der Messe	Erledigt	Ihre Anmerkungen
Entscheidung für nächste Messe?	❍	
Standgröße – Erfahrungen vergangener Messe einfließen lassen ...	❍	
Abschlussbericht, Dokumentation	❍	

*Der von Ihnen benötigte Zeitaufwand hängt von zahlreichen Faktoren wie dem Messeturnus, Ihren Exponaten, Standbau und Gestaltung etc. ab.

5.3.2 Budget- und Kostenplanung

66. Kalkulationshilfe (Messeauftritt)

Standkosten (Flächen)	Kosten (Plan) zzgl. MwSt.
Standmiete	
zusätzliche Flächen wie Besprechungsräume	
Freigeländefläche	
diverse Zuschläge	

Gestaltung und Bau oder Miete des Standes	Kosten (Plan) zzgl. MwSt.
Honorar für Entwurf und Ausführung	
Messebauer, Monteure	
Maler- und Anstreicherarbeiten	
Zimmermanns- und Tischlerarbeiten	
Elektriker- und Technikerarbeiten	
diverse Installationen (Strom, Wasser, Telefon)	
grafische Gestaltung und Beschriftung	
Warenarrangement	
Bereitschaft und Wartung	

Aufbau des Messestandes	Kosten (Plan) zzgl. MwSt.
Aufbauhilfen/Unternehmen vor Ort/Bauabnahme (TÜV)	
Reisen, Aufenthalt und Löhne für eigene Techniker/Arbeiter	
Ausstattung, Einrichtung und Mietmöbel	
Technik (zum Beispiel Endgeräte zur Lead-Erfassung, Laptops, Multimedia etc.)	
Mobiliar-Anfertigungen	
Blumenschmuck/Deko, Beschilderung	
Küchenausstattung (Geräte, Equipment etc.)	
Zubehör (wie Gläser, Geschirr)	

Kosten für den Standbetrieb	Kosten (Plan) zzgl. MwSt.
Standpersonal (Hostessen und Eigenpersonal)	
Schulung des Standpersonals	
Zuschläge für Überstunden	
Fremdpersonal wie Promoter, Fotograf, Dolmetscher	

Kosten für den Standbetrieb	Kosten (Plan) zzgl. MwSt.
Bewachung	
Catering (Besucher und Crew) und Material für Catering	
Reinigung	
diverse Gebühren (Wasser, Strom, Telefon, Ausweise ...)	

Abbau	Kosten (Plan) zzgl. MwSt.
Wer übernimmt den Abbau vor Ort?	
Reisekosten, Verpflegung und Löhne für das Abbau-Team	

Ausstattung, Exponate und Technik	Kosten (Plan) zzgl. MwSt.
Exponate	
Sonderanfertigung	
Modelle	
Adjustierung/Einrichtung	
Transport und Verpackung	
Technische Ausstattung (PCs, Drucker, Fon und Fax)	
Hin- und Rücktransport (Bahn, Lkw, See, Luft, Container)	
Standausstattung einschließlich Büromaterial	
Zollabfertigung	
Lagerung des Leergutes	
diverse Nebenkosten (Reinigung, Abfallbeseitigung)	

Versicherungen und Reisekosten	Kosten (Plan) zzgl. MwSt.
Personenversicherungen (Unfall, Haftpflicht)	
Exponate (Hin- und Rücktransport, Aufbau, Abbau und Messezeit!)	
Versicherung der Messeeinrichtung (Diebstahl, Brand, Wasser)	
Bewachung	
Reisekosten, Spesen, Unterbringung	

Werbungskosten, Sonderkosten, Extras	Kosten (Plan) zzgl. MwSt.
Vorwerbung	
Werbeflächen	
Einladungskarten oder -schreiben	
Schaltung im Messekatalog	
Eintrag/Anzeigen in Fachzeitschriften	
Infomaterial und Prospekte (Sprachen?)	
Kataloge und Preislisten	

Werbungskosten, Sonderkosten, Extras	Kosten (Plan) zzgl. MwSt.
Gutscheine	
Pressearbeit (Mappen, Material, Aktionen)	
Repräsentation und Beteiligungskosten	
Werbegeschenke/Give-aways	
Bewirtung wichtiger Gäste (beispielsweise Abendeinladungen, Einladung zum Essen etc.)	
Barauslagen wie Trinkgelder	
Fahnen und Plakatierungen	
Künstler/Musik (GEMA/KSK)	

5.3.3 Messeziele

Klar definierte Messeziele sind beispielsweise wichtig für

- das Festlegen Ihrer Zielgruppe(n),
- Ihre Kommunikations- und Werbemaßnahmen im Vorfeld,
- Standaufbau und Standgestaltung,
- die Auswahl Ihrer Exponate,
- die Besucheransprache und Gesprächsführung und
- die Messemitarbeiter und das Standpersonal.

Außerdem dienen die Messeziele natürlich der späteren Erfolgskontrolle – sie müssen also messbar sein (Hilfestellung für die Themen Ziele und Erfolgsmessung erhalten Sie auch in den Kapiteln 2.1 und 2.2).

Tipp

Hinterfragen Sie außerdem, was die Ziele der Messebesucher allgemein und im Speziellen die Messeziele Ihrer Standbesucher sind. Werden Sie diesen gerecht? Wie können Sie diese (noch besser) erfüllen?

Mit Messeauftritten werden meist gleich mehrere Ziele parallel verfolgt – zum Beispiel:

- Akquise von Leads (Kontakte mit dem Potenzial, Kunde zu werden)
- Ausbau bestehender Märkte
- Bekanntheitssteigerung
- Erschließen neuer Märkte
- Imagepflege
- Pflege der Kundenbeziehungen
- Personalsuche
- Produktpräsentationen

- Umsatzziele
- Wettbewerbsbeobachtung

Tipp

Die Gesprächsinhalte, Anfragen, Bestellungen Ihrer Messebesucher können Sie mithilfe der klassischen Leadbögen oder per digitaler Lead-Erfassung zum Beispiel in entsprechenden Apps für iPads und Co. festhalten. Die digitale Form bietet dabei deutliche Vorteile gegenüber der Papier-Variante: Die Papier-Lawine von Gesprächsprotokollen, die erfasst, verarbeitet und beantwortet werden muss, entfällt. Statt dessen werden in professionellen, mobilen Leadmanagement-Lösungen die Daten/Visitenkarten und Gesprächsinhalte während des Gesprächs im Tablet erfasst und stehen Sekunden später bereits im Office zur Weiterbearbeitung zur Verfügung, wo sofort mit der Erledigung begonnen werden kann. Positiver Nebeneffekt: Sie können Ihre Kunden und Gesprächspartner beeindrucken, wie schnell Sie Ihre Versprechen einlösen!

5.3.4 Maßnahmen- und To-do-Listen

Je konkreter Ihre Messeplanung wird, desto kleinteiliger werden die zu erledigenden Aufgaben: Immer mehr Personen oder Dienstleister arbeiten gemeinsam am Projekt, immer mehr Aufgaben werden verteilt. Den Überblick behalten Sie, wenn Sie mit To-do-Listen arbeiten, in denen alle zu erledigenden Aufgaben und Maßnahmen genau aufgeführt sind, also

- was genau zu tun ist (ganz konkret und verständlich für alle Beteiligten),
- wer für welche Aufgabe und welchen Arbeitsschritt verantwortlich ist,
- bis wann genau der jeweilige Punkt erledigt sein muss. Legen Sie auch hier Meilensteine (zur Sicherheit mit Pufferzeiten) fest (siehe auch Kapitel 1.4.1).

All das dient sowohl der Projektverfolgung als auch der Absicherung des Projektes im Krankheitsfalle oder bei Personalwechsel!

67. Checkliste: Maßnahmen Messevorbereitung

Zu klärende Details	zuständig	Termin	Zwischenstand/ Bemerkungen
Ansprechpartner Messe bei der Messegesellschaft			
Anmeldeformalitäten mit der Messegesellschaft erledigt?			
Genehmigungen für den Stand von Messegesellschaft eingeholt?			
Standmiete begleichen bis …			
Welche • Anmeldungen, • Zulassungen und • Genehmigungen sind erforderlich? Bei wem und bis wann?			
Liegen für die Exponate alle erforderlichen Lieferscheine vor?			
Welche Zollbestimmungen sind zu beachten?			
Aufbaupapiere plus Einfahrscheine besorgen bei … bis …			
Wie sind die Aufbaubestimmungen? Besonderheiten?			
Größe, Design, Art und Aufbau des Standes geklärt und schriftlich definiert? Größe und Anforderungen Lagerflächen?			
Aufträge für die einzelnen Gewerke vergeben?			
Versand, Transport und Aufbau durch wen? Abholung wann?			
Einweisung auf der Messe durch wen?			
Alle benötigten Anschlüsse vorhanden?			
Liste aller am Aufbau Beteiligten (extern wie intern) mit Mobilnummern			
Versicherung: Messestand, Exponate, Transport etc. abgeschlossen?			
Brandschutzbestimmungen geprüft?			
Exponate bestellt/reserviert? Ersatz? Technische Einweisung durch wen? 24-Stunden-Reparatur-Service? Dokumentation bestellt? In welchen Sprachen?			

Zu klärende Details	zuständig	Termin	Zwischenstand/ Bemerkungen
Informationsmaterial zu Unternehmen und Produkten bestellt? Sprachen?			
Technik am Messestand: Was wird benötigt? Ersatz? 24-Stunden-Service? Bestimmte Anschlüsse erforderlich?			
Werbung für Messe: Aktivitäten/Aktionen definiert? Zeitplan? Budget?			
Presse-Aktionen: Aktivitäten/Aktionen definiert? Zeitplan? Budget?			
Anreise und Unterbringung der Standcrew: gebucht? Late Check-in? Late Check-out?			
Externes Personal: gebucht? Schulung/Briefing externes Personal: Inhalte? Bekleidung/Ausstattung externes Personal?			
Externe Dienstleister wie Fotografen gebucht?			
Standleitung? Vertreter?			
Rufnummer Hallenmeister			
Abnahme Messestand durch wen?			

Tipp

Aus einer solchen Detailplanung der Maßnahmen und Aufgaben kann auch deutlich werden, welche Aufgaben aufgrund des erforderlichen Know-hows oder der internen Kapazitäten an externe Partner vergeben werden sollten.

5.3.5 Gestaltung Ihres Messestandes

Laut Untersuchung des AUMA kommt der Messebesucher über vier Stufen zum Gespräch:

- er orientiert sich,
- er informiert sich,
- er lässt sich etwas zeigen oder vorführen,
- er will kommunizieren.

Das bedeutet für Ihr Standkonzept:

- Ihr Messestand muss dem Messebesucher ein vernünftiges Ordnungsschema zur Orientierung bieten. Ihre Themen und Produktbereiche sollten schnell erfasst werden können.
- Bieten Sie verbale und visuelle Informationsangebote, damit jeder Besucher schnell und klar erkennen kann, ob er bei Ihnen richtig ist.
- Bei Demonstrationen von Exponaten den Produktvorteil einfach, verständlich und aufmerksamkeitsstark darstellen. Nicht zu sehr in die Tiefe gehen – es ist die Aufgabe Ihrer Standmitarbeiter, die entstehenden Fragen zu beantworten und mit dem Besucher ins Detailgespräch zu gehen.

Ermittlung der benötigten Standfläche – die drei Funktionsbereiche Ihres Messestandes

Unabhängig von der Standgröße gliedert sich jeder Messestand in drei Bereiche, die die Gesamtgröße Ihres Standes maßgeblich bestimmen:

1. Die Präsentationsfläche

Mit in diesen Bereich gehören alle Flächen, die Sie für Ihre Exponate und deren Präsentation oder Vorführungen benötigen. Ihr Platzbedarf ergibt sich dabei zum einen aus der Zahl und Größe der von Ihnen ausgestellten Produkte, zum anderen aus dem Flächenbedarf für die Aktionen.

Bedenken Sie auch, dass Ihr Messestand das Image Ihres Unternehmens nach außen transportieren soll. Für welche Werte stehen Ihr Unternehmen und Ihre Produkte? Modern oder traditionell? Luxus- oder Niedrigpreissegment? Trendsetter? Design? Dies sollte sich in der gesamten Standgestaltung, den verwendeten Materialien bis hin zu den Give-aways widerspiegeln.

Beachten Sie natürlich auch Ihre Vorgaben zum Corporate Design und der Corporate Identity und berücksichtigen Sie diese bei der Planung Ihrer Mittel zur Fern- und Naherkennung!

Tipp

Denken Sie bei der Planung aus Sicht Ihrer Besucher! Gestalten Sie Ihre Präsentation so, dass diese für Ihre Besucher attraktiv und einladend ist – vor allem aber so, dass der Nutzen Ihrer Produkte oder Dienstleistungen für die Anwender klar erkennbar ist!

2. Die Besprechungsfläche/-räume
In den Besprechungsbereichen werden die qualifizierten Standgespräche geführt. Je nach Art Ihres Geschäftes und Ihrer Kunden kann es sich hier um offene Bereiche oder auch um geschlossene Besprechungsräume handeln.

Wichtig ist, dass die Besprechungsfläche in ihrer Gestaltung, aber auch in Design und Qualität der Ausstattung eine angenehme Atmosphäre für qualifizierte Gespräche schafft und außerdem im Handling (von Reservierung bis Bewirtung) durchdacht und praktisch ist.

3. Nebenräume
Im Wesentlichen handelt es sich hier um die erforderlichen Vorbereitungsflächen für Catering/Service, das Backoffice oder Büro sowie die Lagerflächen und Stauräume.

Diese Nebenflächen sind für einen reibungslosen Ablauf sowie das ordentliche Erscheinungsbild Ihres Messestandes besonders wichtig.

Ihr Messestand – Welche Stand-Art ist die passende für Sie?

Wählen Sie aus, mit welcher Stand-Art Sie sich präsentieren möchten. Die infrage kommenden Möglichkeiten hängen natürlich eng mit Ihrem Standkonzept und der gewünschten Standgröße zusammen.

Die von Ihnen gewünschte Stand-Art und die gewünschte Quadratmeterzahl Ihres Standes benötigen Sie bereits für die Anmeldung beim Messeveranstalter!

Stand-Arten

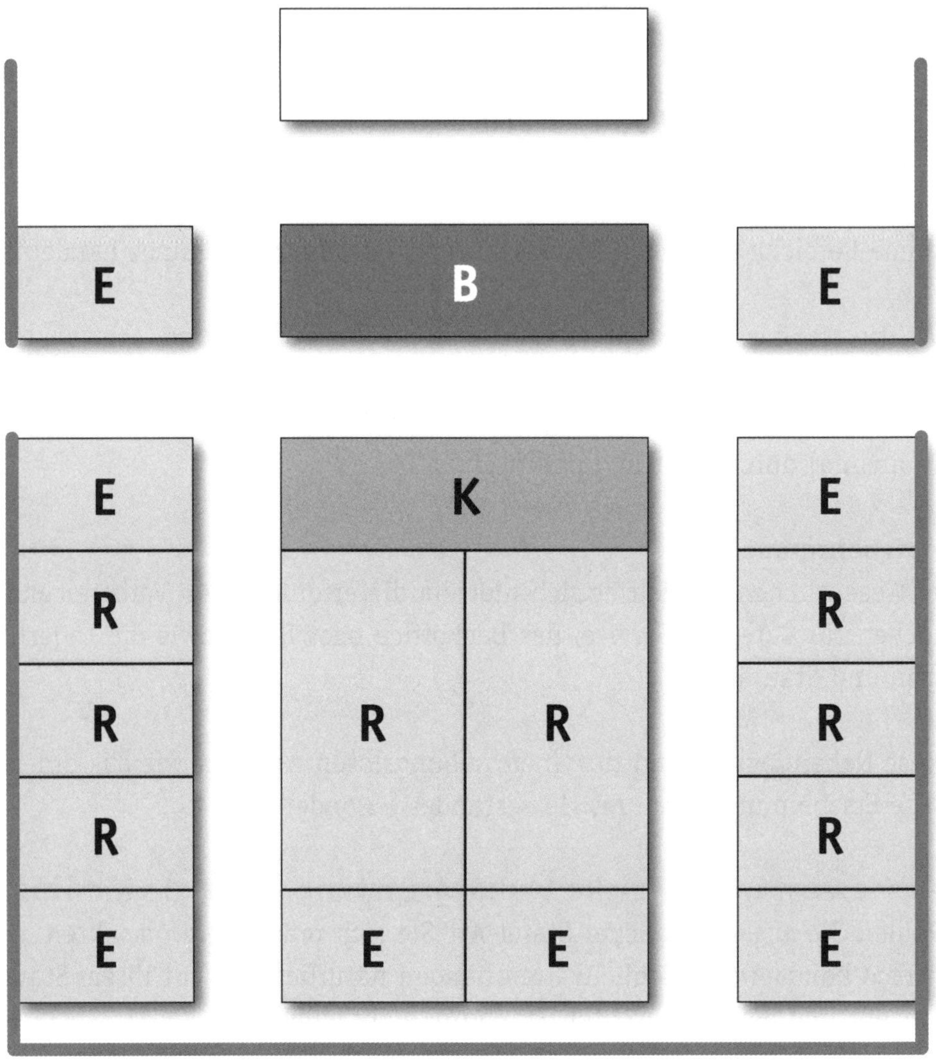

[R] Reihenstand

[K] Kopfstand

[E] Eckstand

[B] Blockstand

Reihenstand: Der Reihenstand ist ein einseitig nur nach einem Gang hin offener Stand, der neben weiteren Reihenständen steht (seltener auch zweiseitig offen zu zwei parallel verlaufenden Gängen). Bezogen auf die Maße der offenen Standfront unterscheidet man zwischen schmalen und tiefen beziehungsweise breiten und weniger tiefen Reihenständen.

Eckstand: Ein Eckstand liegt am Ende einer Reihe und ist nach zwei Seiten, dem Gang und dem Quergang, offen. Die Rückfront grenzt an die Rückfront eines anderen Eckstandes und die Seite an einen benachbarten Reihenstand. Ein Eckstand erzielt durch mehr Schauseiten bei gleicher Fläche eine größere Wirkung als ein Reihenstand. Die Miete für einen Eckstand ist höher als die für einen Reihenstand. Da der Eckstand an zwei Gängen liegt, ist mit einer hohen Besucherfrequenz zu rechnen.

Kopfstand: Der Kopfstand am Ende einer Reihe ist nach drei Seiten offen. Er ist qualitativ den vorgenannten Standtypen überlegen, da er bei richtiger Nutzung repräsentativ und einladend wirkt.

Blockstand: Der Blockstand (oder Inselstand), die teuerste Stand-Art, ist rundum von Besuchergängen umgeben und erreicht durch die Alleinstellung einen hohen Aufmerksamkeitswert. Insgesamt hat der Blockstand eine hohe werbliche Qualität und eignet sich gut zu Repräsentationszwecken. Der Blockstand ist anspruchsvoller in der Gestaltung, was sich auch in höheren Kosten für den Standbau und die Ausstattung niederschlägt.

Freigeländestand: Ein Messestand im Freigelände wird für sehr große Produkte (zum Beispiel Naturwerkstein-Blöcke) gewählt oder für komplette Anlagen und Maschinen (Baumaschinen), die in praxisnahem Betrieb gezeigt werden. Im Freigelände muss der Aussteller für überdachte Besprechungsplätze sorgen.

(Quelle (Abbildung und Text): www.auma.de/de/DownloadsPublikationen/PublicationDownloads/ErfolgreicheMessebeteiligungGrundlagen.pdf)

5.3.6 Ihr Messestand – Platzierung und Größe

Diese Fragen können Ihnen bei der Ermittlung des von Ihnen benötigten Flächenbedarfs helfen:

68. Arbeitshilfe Messestand: Platzierung und Größe

Zu klärende Details	Ihre Anmerkungen	Klärungsbedarf
Was soll auf dem Messestand passieren, gezeigt werden, geboten werden? (Exponate, Vorführungen, Aktionen ...)		
Welche Fläche und Höhe benötigen Sie für Ihr Konzept und Ihre Exponate?		
Wie viel Platz benötigen Sie für Besprechungsbereiche?		
Wo und in welchem Umfang soll Catering angeboten werden?		
Benötigen Sie einen separaten Raum fürs Catering (Stauraum, Küche)?		
Soll es separate Räume für Presse oder Pressekonferenzen geben?		
Benötigen Sie ein Lager oder Stauräume für Material und Exponate?		
Möchten Sie Ihren Stand auf mehreren Etagen aufbauen?		
Wie, wo und in welchem Umfang präsentieren sich Ihre Wettbewerber?		
Wer sind Ihre Standnachbarn? Wie (auf welche Art und Weise) und wie groß präsentieren Sie sich?		

69. Arbeitshilfe: Ausstattung des Messestandes

Zu klärende Details	Ausstattung
Technik	Welche Präsentations-, Licht-, Sound- oder Effekttechnik benötigen Sie? Fertigen Sie eine detaillierte Liste an, auf der bereits die vorgesehenen Standorte eingetragen sind. Eine ausführliche Planung ist unter anderem wegen der benötigten Anschlüsse von Bedeutung. Setzen Sie mobile Endgeräte, Tablets, iPads zur Lead-Erfassung ein? Wie viele Endgeräte benötigen Sie hierfür? Stehen ausreichend Ladestationen zur Verfügung? Haben Sie WLAN vor Ort? Wie viele Ersatzgeräte wollen Sie bereitstellen? Sollen Drucker, Scanner etc. zur Verfügung stehen? Gerade für die Präsentations- und Lead-Erfassungstechnik sollte unbedingt ein 24-Stunden-Support zur Verfügung stehen, der auch wirklich schnell vor Ort sein kann und mit der Technik vertraut ist.
Erreichbarkeit	Haben Sie ein Standtelefon? Dann teilen Sie Ihre Nummer rechtzeitig allen mit, die mit Ihnen Kontakt aufnehmen sollen. Dazu könnten die Kollegen im Unternehmen, Lieferanten und Dienstleister, aber auch die Kunden, mit denen Sie Termine vereinbart haben, gehören. Wie steht es mit der Erreichbarkeit von Mobiltelefonen? Ist diese am Stand gewährleistet?
Erfrischungen	Messeluft ist außerordentlich trocken – Ihre Messebesucher wie auch Ihr Standteam benötigen daher ausreichend Erfrischungen, um nicht an Ermüdung oder Kopfschmerzen zu leiden. Besonders beliebte Erfrischungen sind: Wasser, Obst- und Gemüsesäfte (möglichst frisch), antialkoholische Cocktails, Speiseeis, Milch-Mixgetränke auf Eis, Obst, Fruchtsalat ... Damit alle zufrieden sind, achten Sie bitte darauf, dass die Erfrischungen, die Sie anbieten, leicht auszuschenken, zu servieren und einfach zu verzehren sind.
Give-aways, Werbemittel, Gastgeschenke	Seien Sie bei der Auswahl Ihrer Give-aways besonders wählerisch – oder sparen Sie sich diese Ausgabe ganz. Grundsätzlich gilt zu überlegen: Soll das Geschenk den Besucher jetzt sofort erfreuen? Beispiele hierfür sind kleine PET-Wasserflaschen, Eis, Popcorn, Erfrischungstücher etc. Oder soll der Besucher das Geschenk mit ins Büro nehmen und lange an Sie denken? Dann sollte es wirklich etwas Individuelles und Nützliches sein, das sowohl auf Ihr Unternehmen beziehungsweise Ihre Produkte als auch auf den Kunden zugeschnitten ist!

5.3.7 Messestand: Aktionen und Vorführungen

Vorführungen sind werbewirksam und steigern das Interesse der Messebesucher. Außerdem können Sie häufig durch eine gekonnt inszenierte Vorführung Ihr Produkt wesentlich effektvoller demonstrieren und erklären als im Einzelgespräch. Auch ein Fachvortrag im Messeforum kann ein sehr guter Weg sein, den Expertenstatus des Unternehmens herauszustellen!

Wichtig ist jedoch, dass
- der Inhalt einer solchen Präsentation oder eines Vortrags nicht zu tief ins Detail geht, also für den Zuschauer/Zuhörer verständlich ist,
- der Nutzen oder Vorteil für den Anwender sofort deutlich wird,
- bei der Präsentation nichts schiefgehen kann, dass also beispielsweise das Exponat sicher und einfach in der Anwendung ist (Aktion mehrmals proben).

Tipp

Wenn Sie eine Aktion wie beispielsweise ein Gewinnspiel, eine Show oder Ähnliches planen, legen Sie am besten bestimmte Zeiten fest (beispielsweise jede volle Stunde) und bewerben Sie diese entsprechend während der Messe (beispielsweise durch Promoter). Außerdem können Sie Fachvorträge und besondere Aktionen auch schon in Ihre Werbemaßnahmen im Vorfeld der Messe integrieren.

5.3.8 Nachbereitung und Evaluierung von Messen

Bei der Messenachbereitung und Evaluierung können Sie sich wieder an den Kapiteln Veranstaltungsnachbereitung (siehe Kapitel 4) und Erfolgsmessung (siehe Kapitel 2.2) orientieren.

Zur Messenachbereitung und Erfolgsmessung ergänzend noch einige nützliche messespezifische Fragen:
- Wie viele potenzielle Kunden/Leads konnten erreicht werden?
- Wie viele tatsächliche Anfragen, Angebote, weiterführende Termine etc. kamen zustande?
- Mit wie vielen Stammkunden wurden Gespräche geführt? Nutzen?
- Wofür interessierten sich Ihre Besucher besonders?
- Welche Anregungen/Kommentare bekamen Sie von Ihren Besuchern hinsichtlich Ihrer Produkte, Ihres Sortiments, Ihres Messestandes?
- Wie hat sich Ihr Wettbewerb präsentiert? (Stand, Aktionen, Exponate)
- Wo gab es Verbesserungsbedarf oder Engpässe: am Stand, beim Personal, beim Catering, bei Vorführungen etc.?

Holen Sie zur Beantwortung der Fragen auch die Erfahrungen und Eindrücke des gesamten Standpersonals ein. Lassen Sie die so gewonnenen Informationen in Ihr nächstes Messekonzept einfließen, um sich von Messe zu Messe kontinuierlich zu verbessern!

5.4 Charity, Social und Cultural Events (CSC-Events)

Wie Sie bereits aus der FME Forum Marketing-Eventagenturen im FAMAB – Verband Direkte Wirtschaftskommunikation e.V.-Definition aus Kapitel 1 wissen,

- dienen CSC-Events der Förderung eines gesellschaftlich relevanten Zwecks,
- richten sich CSC-Events an die Öffentlichkeit und/oder Multiplikatoren,
- dienen CSC-Events nicht der Absatzförderung.

Typische Beispiele für CSC-Events sind Spenden-Galas, Sportveranstaltungen, Großveranstaltungen wie die ›Lange Nacht der Museen‹ etc.

Sie werden Ihre CSC-Events anhand der Informationen, Arbeitshilfen und Checklisten aus den Kapiteln 1 bis 4 organisieren können – doch gibt es ergänzend dazu noch einiges zu bedenken und zu berücksichtigen: In der Regel werden bei einem Charity Event Einnahmen erzielt, die dann direkt einem bestimmten, vorab definierten guten Zweck zugeführt werden.

70. Arbeitshilfe: CSC-Event

Wichtig	Bedacht?
Daher sollten diese professionell und umfassend beworben werden, um die gewünschte Zielgruppe zu erreichen, für das Thema zu interessieren, zu öffnen und zu motivieren.	
Sie sollten mithilfe von Multiplikatoren, Botschaftern etc. eine höhere Identifikation der Zielgruppe mit dem Projekt erreichen (wenn der Lieblingssänger an HIV erkrankt ist, berührt einen dieses Thema auf einmal stärker als zu einem Zeitpunkt, an dem man noch keinen persönlichen Bezug zu der Krankheit hatte).	
Und sie sollten professionell umgesetzt werden, um einen möglichst hohen Gewinn für eben diesen guten Zweck zu erzielen.	
Sie sollten ebenfalls erlebnisorientiert sein. Die Teilnehmer möchten etwas erleben, das sie bewegt und motiviert.	
Die Teilnehmer sollten emotional berührt werden. Bringen Sie Menschen auf die Bühne, und zwar echte! Es mag ja informativ sein, wenn der Profi-Moderator über ein Erdbeben berichtet. Aber es berührt die Anwesenden, wenn ein Betroffener sein persönliches Erlebnis in seinen eigenen Worten schildert. Lassen Sie Menschen ihre Geschichte erzählen. Der potenzieller Spender soll in die Lage versetzt werden, mitzufühlen und eine empathische Brücke zu den Empfängern zu bauen.	
Sie sollten positiv abschließen! Geben Sie Hoffnung, bieten Sie zum Abschluss eine positive Auflösung, ein Beispiel, das (vielleicht auch mithilfe einer Spendenaktion) gut ausging. Sie wollen doch Ihre Teilnehmer nicht mit hängenden Köpfen und Angstgefühlen zurücklassen, sondern ihnen das Gefühl geben, dass sie helfen können.	
Die Botschaft sollte so klar, einfach und verständlich sein, dass die Teilnehmer nach Ihrer Veranstaltung in der Lage sind, mit wenigen eigenen Worten wiederzugeben, was genau sie unterstützen, wie diese Hilfe aussieht und warum sie mitmachen. Deshalb weg von den üblichen Marketing-Sprüchen hin zu einer echten, einfach verständlichen, bildhaften Sprache.	
Teilnehmer/Spender sind heute kritisch und neugierig! Sie möchten wissen, was sie genau unterstützen, wie viel von der Hilfe tatsächlich vor Ort ankommt und wofür genau es verwendet wird (ein perfektes Beispiel hierfür liefert der Online-Spenden-Shop *www.mygoodshop.org* von nph deutschland e.V./Unsere kleinen Brüder und Schwestern). Stehen Sie aktiv Rede und Antwort! Die Teilnehmer sind aus gutem Grund kritischer geworden, Beispiele für unprofessionelle Charity Events gab es in der Vergangenheit leider reichlich. Seien Sie also in Ihren Angaben konkret, deutlich, messbar, transparent …	
Informieren Sie die Teilnehmer im Nachgang an die Veranstaltung über den Erfolg und die Fortschritte der Aktion, an der sie sich beteiligt haben – vor allem wenn Sie eine regelmäßige Aktion oder Veranstaltungsreihe planen.	

Wichtig	Bedacht?
Berücksichtigen Sie bei Ihrer Umsetzungsstrategie auch die persönlichen Eigenheiten und Bedürfnisse/Wünsche der Teilnehmer: • Viele Menschen möchten sich heute selbst darstellen und ihre Erlebnisse teilen. Bieten Sie ihnen bei Ihren CSC-Events dazu gute Gelegenheiten, beispielsweise über Social Media-Kanäle wie Facebook, Twitter, Blogs ... • Menschen wollen wichtig sein. Bieten Sie ihnen die zur Veranstaltung passende Bühne wie ein Exklusivgespräch mit ..., gemeinsames Foto mit ... etc.	

71. Arbeitshilfe: Planung, Organisation und Umsetzung von CSC-Events

Zu klärende Details	Ihre Antwort
Was machen andere? (siehe beispielsweise EVA-Gewinner Kategorie CSC-Events beim FAMAB, *www.adam-eva-award.de*) Wie grenzen Sie sich mit Ihrer Veranstaltung davon ab? Und warum?	
Wodurch wird sich Ihre Veranstaltung von dem bereits bestehenden Angebot abheben? Zum Beispiel: • Aktionen, Aktivierung, Einbindung? • Location/Austragungsort? • Ernsthaftigkeit, Professionalität? • VIPs, Meinungsbildner? • Einbindung von Vereinen, Verbänden?	
Was ist das Besondere, der Mehrwert Ihrer Veranstaltung? Warum muss der Teilnehmer unbedingt zu Ihnen kommen? Zum Beispiel: • Wir-Gefühl, Teamgeist • Thema, Sinn • Außenwahrnehmung, Berichterstattung	
Ist Ihr Projekt regional, überregional, national, international?	
Name Ihrer Veranstaltung: Leicht einzuprägen und gut auszusprechen? Vorsicht bei Anglizismen!	
Finanzierung der Veranstaltung durch • die Teilnehmer? • Spenden? • Sponsoren, Partner etc.? (siehe auch Kapitel 2.4.4) Haben Sie beispielsweise Sponsoren für alle entstehenden Kosten, sodass die kompletten Teilnehmergebühren/Spenden in die gute Sache fließen? Was haben die Sponsoren/Geldgeber davon? Gegenleistung? Angabe bei Ticketverkauf: x Euro pro Ticket fließen direkt an xxx.	

Zu klärende Details	Ihre Antwort
Haben Sie ein bestimmtes finanzielles Ziel? Wird dieses bereits im Vorfeld oder während der Veranstaltung kommuniziert?	
Teilnehmerzahl: Ziel/Schätzung (Schönwetter-/Schlechtwetter-Schätzung) Die Herausforderungen der Organisation einer Veranstaltung bei noch offener Besucherzahl berücksichtigen (zum Beispiel Anzahl Parkplätze, WCs, Speisen/Getränke etc.) Vorgaben zu maximalen Teilnehmerzahlen beispielsweise bei Tribünen etc. beachten und kontrollieren!	
Werbemix, beispielsweise aus • professioneller Pressearbeit (frühzeitig, mehrstufig, redaktionell), • zielgruppengemäßer Werbung (zum Beispiel über Fachzeitschriften, Radio, ÖPNV, Neue Medien, Homepage, Banner, Blogs, Facebook und andere soziale Netzwerke), • Öffentlichkeitsarbeit (zum Beispiel durch Meinungsbildner, Vereine, Verbände, Jugendaktionen)	
Veranstaltungsimage wie Nachhaltigkeit, grün, Begegnung etc. bedenken und umsetzen	
Organisatorische Belange berücksichtigen • Genehmigungen, Bewilligungen • Helfer • Sicherheitsmaßnahmen wie Absperrungen, Sanitäter etc. • Berichterstattung, Veranstaltungskommunikation • Unterhaltungsfaktor, Musik, Aktionen • menschliche Bedürfnisse wie Speisen, Getränke, WCs • Schlechtwetter-Alternativen • Infrastruktur allgemein, Anreise • bei Sportveranstaltungen zum Beispiel Sportlerverpflegung, Umkleiden, Aufwärmmöglichkeit, Spinde, Startnummern, Zeiterfassung, Siegerehrung etc.	
Veranstaltungsdokumentation (Film, Fotos, Blog, Homepage, App etc.)	
Risikoanalyse und Prävention: Was tun, wenn • nicht ausreichend Teilnehmer kommen? • nicht genug Geld gespendet wird? • die Kosten nicht erwirtschaftet werden? • es regnet? etc.	

Zu klärende Details	Ihre Antwort
Nach der Veranstaltung • Nachbereitung • Presse • Homepage aktualisieren • Fotos veröffentlichen • Erfolgsmessung und Kommunikation • auf nächste Aktion hinweisen etc.	

Tipp

Beachten Sie natürlich auch bei den CSC-Events die gesetzlichen Vorgaben, Besteuerungsrichtlinien etc. und lassen Sie Ihr jeweiliges Veranstaltungskonzept von einem Experten auf die rechtlichen Aspekte hin prüfen.

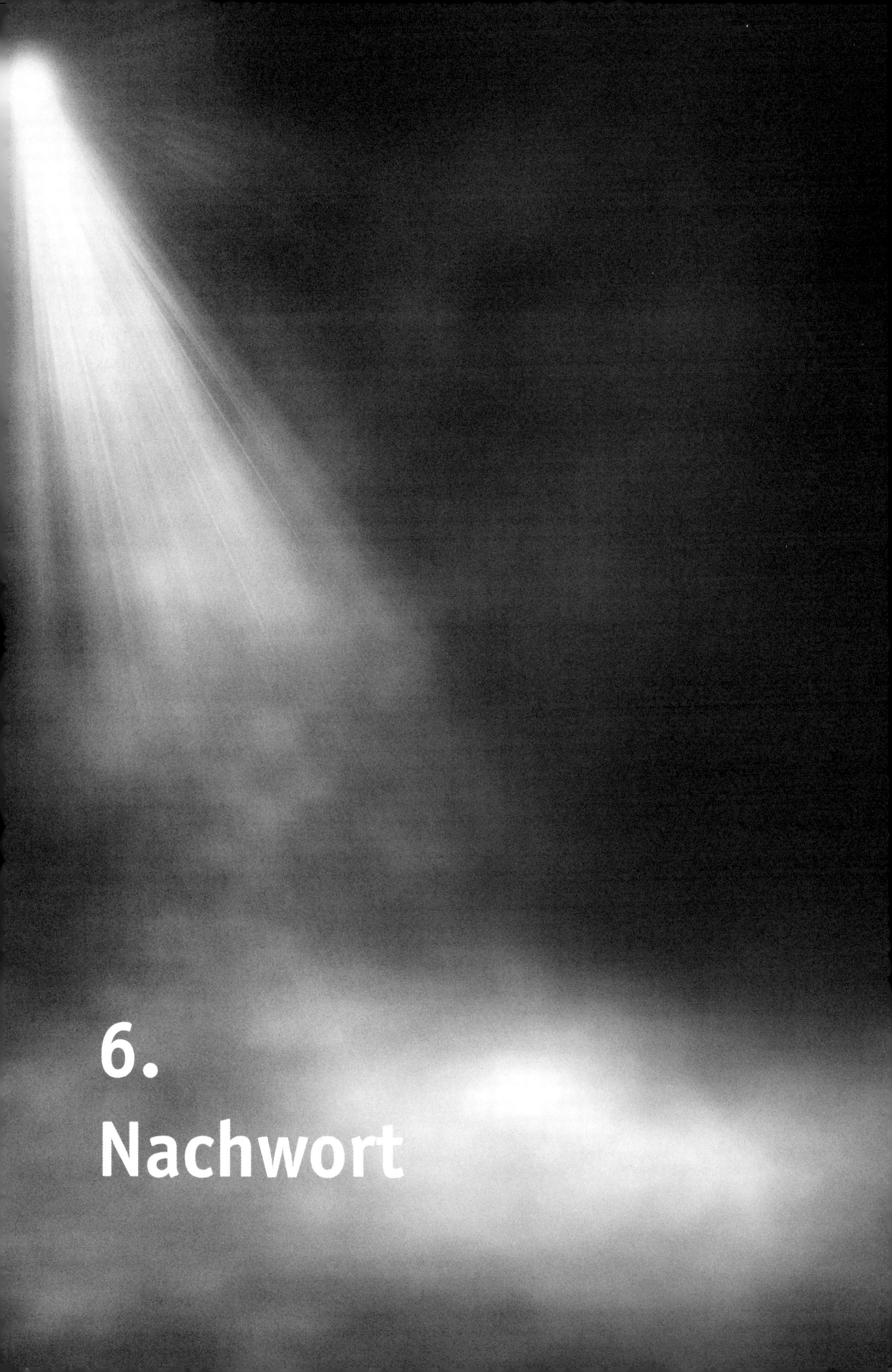

6. Nachwort

Lieber Leser, liebe Leserin!

Ich freue mich, dass Sie dieser Reise durch die Event- und Veranstaltungslandschaft bis zum Ende dieses Buches gefolgt sind!

Und ich freue mich sehr, wenn Sie mithilfe dieses Buches Struktur in Ihr ›Projekt Veranstaltung‹ bringen, Sie viele Anregungen und konkrete Tipps für Ihre Events mitnehmen konnten und Sie die Arbeitshilfen und Checklisten in Ihrer Praxis nutzen! Diese Arbeitshilfen, Checklisten etc. sind ab jetzt die Ihren – und damit sollen sie sich nun auch verändern. Sie sollen und werden Ihren eigenen Stil entwickeln und das Material an Ihre Bedürfnisse und Ihre Branche anpassen.

Unser Beruf verändert sich so stark wie kaum ein zweiter – deshalb: Bleiben Sie neugierig und flexibel!

Ich wünsche Ihnen viel Erfolg, ein glückliches Händchen und unbedingt auch viel Freude bei der Organisation und Durchführung Ihrer Events und Veranstaltungen!

Ihre

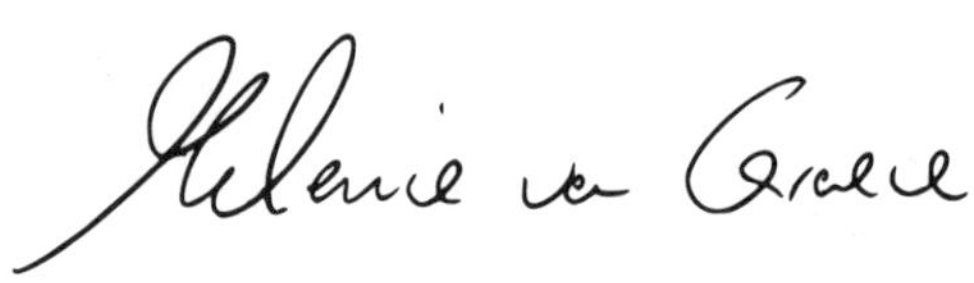

7. Anhang

7.1 Glossar

A

Arbeitszeitgesetz (ArbZG)
Das deutsche Arbeitszeitgesetz begrenzt unter anderem die maximal zulässige tägliche Arbeitszeit, legt Mindestruhepausen während der Arbeitszeit, Mindestruhezeiten zwischen Beendigung und Wiederaufnahme der Arbeit sowie die Arbeitsruhe an Sonn- und Feiertagen fest. Nähere Infos siehe *www.gesetze-im-internet.de/arbzg/index.html.*

Ausstellungs- und Messe-Ausschuss der Deutschen Wirtschaft e.V. (AUMA)
Bundesverband der Messewirtschaft in Deutschland. Hervorragendes Recherchetool für nationale und internationale Messedaten, Messetermine etc. *(www.auma.de).*

B

Backoffice
Veranstaltungsbüro und interne Schaltzentrale des Events – je nach Veranstaltung beispielsweise für organisatorische Tätigkeiten, Verwaltung, Rechnungsstellung etc.

Briefing
Kurzeinweisung – beispielsweise für externe Veranstaltungspartner – kurze Zusammenfassung der zur Bearbeitung des Projektes relevanten Details. Das Briefing wird idealerweise schriftlich vom Kunden gestellt oder gemeinsam mit der Veranstaltungsagentur erarbeitet.

C

Check-in
Anmeldungs-/Abfertigungsvorgang des Teilnehmers (auch Hotel-Check-in, Flug-Check-in).

Clipping
Bei der Medienbeobachtung versteht man unter Clippings Zeitungsausschnitte. Unternehmen können über sogenannte Clipping-Dienste prüfen, was, wann und in welchen Medien über sie berichtet wurde.

Compliance-Richtlinien
Compliance steht für Rechtskonformität. Im Event- und Veranstaltungsbereich geht es sowohl um die Einhaltung gesetzlicher Vorgaben als auch um die Beachtung von Unternehmensrichtlinien und gegebenenfalls auch Branchenleitlinien. Vorreiter ist hier der ›Pharmakodex‹, also der Kodex der Mitglieder des Vereins ›Freiwillige Selbstkontrolle für die Arzneimittel-

industrie e.V.‹, der unter anderem die Beeinflussung von Ärzten in ihren Beschaffungsentscheidungen unterbinden soll.

Corporate Design (CD)
Das Erscheinungsbild eines Unternehmens wird über die sichtbaren Bestandteile der Corporate Identity transportiert. Hierzu gehören beispielsweise Firmenzeichen (Logo), Typografie und Unternehmensfarben.

Corporate Identity (CI)
Unter Corporate Identity versteht man die Selbstdarstellung eines Unternehmens – sowohl nach außen hin als auch nach innen. Diese Unternehmenskultur setzt sich zusammen aus der Corporate Communication (Unternehmenskommunikation), dem Corporate Behaviour (Unternehmensverhalten) und dem Corporate Design (Unternehmenserscheinungsbild).

Customer Relationship Management (CRM)
Kundenbeziehungsmanagement. Bezeichnet die konsequente Ausrichtung der Prozesse eines Unternehmens auf dessen Kunden beziehungsweise die Kundenbeziehungsprozesse.

E

Einkommenssteuergesetz (kurz EStG)
Im deutschen Einkommenssteuergesetz wird die Besteuerung von Einkommen natürlicher Personen geregelt. Weitere Infos siehe: *www.gesetze-im-internet.de/estg/index.html.*

F

FamTrip, Familiarisation Trip
Informationsreise für Veranstalter mit dem Ziel, sich von einer Destination ein persönliches Bild zu verschaffen und Locations, Hotels, Sehenswürdigkeiten etc. vor Ort zu besichtigen.

Freelancer
Freiberuflich arbeitende Mitarbeiter aus verschiedenen Branchen der Event-Gewerke, die nach Bedarf gebucht und zur Planung, Organisation und Umsetzung von Veranstaltungen und Events hinzugezogen werden können.

H

Handling-Fee
Prozentualer Agenturaufschlag auf Fremdleistungen (meist zwischen 10 und 15 Prozent des Nettobetrages) für die Leistungen der Agentur wie Angebotseinholung, Preis- und Leistungsvergleich, Auftragsvergabe etc.

Hospitality-Desk
Schreibtisch/Stehpult oder Ähnliches, an dem Veranstaltungspersonal für den Empfang und die Betreuung (beispielsweise zur Klärung von Fragen) der Teilnehmer positioniert ist.

I

Incentive-Reisen, Incentive-Events
Aus steuerrechtlicher Sicht sind Incentive-Reisen in einem Erlass des Bundesfinanzministeriums vom 14. Oktober 1996 wie folgt definiert: »Incentive-Reisen werden von einem Unternehmen gewährt, um Geschäftspartner oder Arbeitnehmer des Betriebs für erbrachte Leistungen zu belohnen und zu Mehr- oder Höchstleistungen zu motivieren. Reiseziel, Unterbringung, Transportmittel und Teilnehmerkreis werden von dem die Reise gewährenden Unternehmen festgelegt. Der Ablauf der Reise und die einzelnen Veranstaltungen dienen allgemein-touristischen Interessen.« Diese Reisen stellen gemäß § 37b EStG einen geldwerten Vorteil dar. Näheres siehe: *http://de.wikipedia.org/wiki/Incentive.*

Incoming-Agentur
Agenturen oder auch Reisebüros im Zielgebiet, die sich mit dem in das jeweilige Land kommenden Tourismus befassen und die für Veranstaltungen, Events und Incentives als Partner vor Ort gebucht werden können.

K

Kick-Offs, Kick-Off-Meeting
Auftakt- oder Einführungsveranstaltung, beispielsweise zu einem Projektstart oder anlässlich einer Produkteinführung.

Korkgeld
Unter Korkgeld versteht man eine Gewinn-Ausfallentschädigung, die der Veranstalter dem Gastronom oder Caterer zahlt, wenn der Veranstalter seine selbst mitgebrachten Getränke (zumeist Weine und Spirituosen) ausgeschenkt haben möchte. Die Höhe des Korkgeldes muss vorab verhandelt werden.

L

Landingpage
Der Begriff Landingpage (deutsch: Lande-Seite) ist eine Bezeichnung für ein Webdokument, das individuell für ein Event erstellt wird. Die Landingpage kann beispielsweise zur Registrierung dienen, über sie können den Teilnehmern Vorabinformationen mitgeteilt werden und im Nachgang an die Veranstaltung können weitere Informationen, Bilder etc. zur Verfügung gestellt werden.

Location-Scouts
Agenturen oder Freelancer, die passende – meist ungewöhnliche – Locations für Events und Veranstaltungen ermitteln.

M

Maslow'sche Bedürfnispyramide
Sozialpsychologische Theorie des US-amerikanischen Psychologen Abraham Maslow. Sie beschreibt menschliche Bedürfnisse und Motivationen in hierarchischer Struktur. Näheres siehe: *http://de.wikipedia.org/wiki/Maslowsche_Bedürfnishierarchie.*

N

Nonprofit-Organisation (NPO)
Gemeinnützige Organisationen, die keine wirtschaftlichen Gewinnerzielungsabsichten verfolgen, sondern meist sozialen, kulturellen oder wissenschaftlichen Zielen dienen. Weitere Infos unter: *http://de.wikipedia.org/wiki/Non-Profit-Organisation.*

P

Professional Congress Organizer (PCO)
Kongressagentur oder Kongressfachmann, welche/welcher den kompletten Service zur Organisation und Durchführung von Kongressen übernimmt.

Promotions
Sonderaktionen wie Gewinnspielaktionen oder auch Verkaufsförderungsmaßnahmen wie das Verteilen von Gratismustern oder Produktproben zur Steigerung des Bekanntheitsgrades eines Produktes oder eines Unternehmens.

R

Request for Proposal (RfP)
Auf die Leistungen der jeweiligen Veranstaltung (bestimmter Zeitraum, Personenzahlen etc.) bezogene Angebots- und Preisanfrage.

Return on Investment (ROI)
Kapitalrentabilität, Kapitalrendite. Kosten-Nutzen-Rechnung im Rahmen der Erfolgskontrolle/Evaluation: Hat die Veranstaltung mehr Geld eingebracht, als man für die Durchführung aufgewendet hat? Wie hoch ist die Rendite gemessen am Gewinn im Verhältnis zum eingesetzten Kapital? Details siehe: *http://de.wikipedia.org/wiki/Return_on_Investment.*

Roadshows
Veranstaltungen gleicher Art, gleichen Inhalts und gleicher Ziele, die in einer festgelegten Zeitspanne an mehreren Orten durchgeführt werden.

U

Gesetz gegen den unlauteren Wettbewerb (UWG)
Dieses Gesetz dient dem Schutz der Mitbewerber, der Verbraucherinnen und Verbraucher sowie der sonstigen Marktteilnehmer vor unlauteren geschäftlichen Handlungen. Es schützt zugleich das Interesse der Allgemeinheit an einem unverfälschten Wettbewerb (§ 1 UWG). Gesetzestext unter: *www.gesetze-im-internet.de/bundesrecht/uwg_2004/gesamt.pdf*

W

Webinar
Ein Webinar (Kurzform für Web-based Seminar) ist ein Seminar, welches über das Internet durchgeführt wird. Der Referent führt durch seine Präsentation und die Teilnehmer können sich von ihren jeweiligen Rechnern aus zuschalten und je nach verwendeter Technik live oder schriftlich ihre Fragen stellen, die der Referent dann ebenfalls live beantworten kann.

7.2 Literaturverzeichnis

Backes, Bettina; Ulrich Poser (2010): Der Sponsoringvertrag. 4. Auflage, Verlag C. H. Beck, München.

Fircks, Alexander von (1999): Veranstaltungen perfekt organisieren. Ein Handbuch für offizielle und private Anlässe. Verlag Urania, Freiburg.

Funke, Elmar; Günter Müller (2009): Handbuch zum Eventrecht. 3. Auflage, Verlag Dr. Otto Schmidt, Köln.

Gleich, Michael (2014): Der Kongress tanzt. Begeisternde Veranstaltungen, Tagungen, Konferenzen. Ein Plädoyer und Praxisbuch. Springer Gabler Verlag, Wiesbaden.

Graeve, Melanie von (2006): Erfolgsfaktor Eventmarketing. Wie Sie mit Events, Roadshows und Messen die Märkte erobern. BusinessVillage, Göttingen.

Graeve, Melanie von (2008): Events und Veranstaltungen professionell managen. BusinessVillage, Göttingen.

Graeve, Melanie von (2011): TaschenGuide Veranstaltungen organisieren. Haufe Verlag, Freiburg.

Güllemann, Dirk (2013): Veranstaltungsmanagement, Event- und Messerecht: Rechtsgrundlagen zur Organisation von Veranstaltungen und Messen anhand praktischer Fälle. 6. Auflage, Verlag Vahlen, Köln.

Kemper, Peter (2001): Der Trend zum Event. Suhrkamp Verlag, Frankfurt.

Litke, Hans-Dieter; Ilonka Kunow; Heinz Schulz-Wimmer (2012): Projektmanagement. 2. Auflage, Haufe-Lexware Verlag, Freiburg.

Mikunda, Christian (2011): Der verbotene Ort oder die inszenierte Verführung. Unwiderstehliches Marketing durch strategische Dramaturgie. mi-Wirtschaftsbuch, München.

Nickel, Oliver (2007): Eventmarketing. Grundlagen und Erfolgsbeispiele. 2. Auflage, Verlag Vahlen, Köln.

Vanneste, Maarten (2012): Meeting Architecture, a manifesto. Meeting Support Institute, Belgien.

Zanger, Cornelia (2012): Erfolg mit nachhaltigen Eventkonzepten: Tagungsband zur 2. Konferenz für Eventforschung an der TU Chemnitz (Markenkommunikation und Beziehungsmarketing). Gabler Verlag, Wiesbaden.

Mehr Erfolg für Ihre Veranstaltungen:

DKTS Der Konferenz- und TagungsService

- unterstützt Sie bei der Durchführung Ihrer Veranstaltungen – mit Know-how, Kreativität und Kapazitäten,
- organisiert Ihre Veranstaltung für Sie – und zwar genau so, wie Sie es wünschen: von A bis Z oder in Form einzelner Bausteine,
- bietet professionelles, geschultes Veranstaltungs-, Empfangs- und Messepersonal,
- prüft und optimiert Ihre Veranstaltungskonzepte – für Veranstaltungen, die begeistern!

Sie möchten Melanie von Graeves Veranstaltungs- und Agentur-Know-how in Ihr Unternehmen holen?

Themen für unternehmensinterne und offene Seminare und Vorträge:

- Firmenveranstaltungen, Events und Messen perfekt organisieren: Grundlagen- und Aufbauseminare
- Spezialthemen wie Grüne Events, kreative Eventkonzepte, Events im Ausland, Einsparungsmöglichkeiten im Eventbereich, Evaluierung von Events und Messen, Veranstaltungen mit erhöhtem Sicherheitsbedarf und viele weitere
- Aufbau und Ausbildung firmeninterner Veranstaltungsabteilungen
- Trainings von Veranstaltungs- und Messepersonal (Business-Knigge, Beschwerdemanagement, Messetrainings etc.)

Teilnehmerstimmen zum Seminar ›Kreatives Eventmanagement‹:

»Jeder hat ein persönliches Geschenk bekommen, in Form der Lösung von einem Problem, jede Frage wurde beantwortet, viele lebhafte Beispiele, die im Kopf bleiben. Spannend von Anfang bis Ende, man bekommt Tools, Tipps, Tricks für die eigene Arbeit. Man entwickelt das Gefühl ›Ja, ich kann‹, Blockaden werden gelöst. Ich danke Ihnen, von mir aus könnte ich noch zwei weitere Tage für das Seminar dableiben!«

Tatjana Laukötter, W.L. Gore Associates GmbH

»Das Seminar hat mir wieder sehr gut gefallen. Positiv finde ich, wie kreativ man durch die vorgestellten Techniken werden kann.«

Zeljka Bartulovic, Gasversorgung Westerwald GmbH

Kontakt:

Aktuelle Seminar- und Vortragstermine, Referenzen und Referentenvita finden Sie unter: ***www.dkts.de/seminare.***
Ihre Fragen und Anfragen beantworte ich sehr gerne – bitte senden Sie eine E-Mail an ***info@dkts.de***